高等职业教育"十二五"规划教材

机械设计基础课程设计指导书

翟爱霞　主编

化学工业出版社

·北京·

全书共分为九章,第一章机械设计基础课程设计概述,第二章机械传动装置的总体设计,第三章机械传动零件的设计计算,第四章设计减速器结构尺寸,第五章装配工作图的设计与绘制,第六章零件工作图的设计与绘制,第七章编写设计计算说明书与准备答辩,第八章机械设计基础课程设计常用标准和规范,第九章减速器设计资料。本书集指导书、手册、图册为一体,并采用国家最新标准、规范和设计资料。全书内容通俗易懂,直观精练、便于自学,注重技能。

本书可与张承国主编的《机械设计基础》配套使用。

本书适用于高等职业学校、高等专科学校、成人高校的机械类、近机类各专业进行机械基础课程设计时使用,也可作为相关机械工程技术人员参考和技术工人的自学参考书。

图书在版编目(CIP)数据

机械设计基础课程设计指导书/翟爱霞主编. —北京:
化学工业出版社,2015.8(2017.6 重印)
高等职业教育"十二五"规划教材
ISBN 978-7-122-24398-0

Ⅰ.①机… Ⅱ.①翟… Ⅲ.①机械设计-课程设计-
高等职业教育-教材 Ⅳ.①TH122-41

中国版本图书馆 CIP 数据核字(2015)第 138907 号

责任编辑:李 娜　　　　　　　　　　文字编辑:吴开亮
责任校对:吴 静　　　　　　　　　　装帧设计:刘丽华

出版发行:化学工业出版社(北京市东城区青年湖南街 13 号　邮政编码 100011)
印　　刷:北京云浩印刷有限责任公司
装　　订:三河市瞰发装订厂
787mm×1092mm 1/16 印张 12½ 字数 305 千字 2017 年 6 月北京第 1 版第 2 次印刷

购书咨询:010-64518888(传真:010-64519686)　售后服务:010-64518899
网　　址:http://www.cip.com.cn
凡购买本书,如有缺损质量问题,本社销售中心负责调换。

定　　价:28.00 元

前　言

　　本书是根据高等职业技术院校机械类专业"机械设计基础"教学课程标准编写的，可作为高等职业学校、高等专科学校、成人高校的机械类、近机类各专业进行机械基础课程设计时的教学用书，也可供有关专业师生和工程技术人员参考。

　　本书以齿轮减速器及以齿轮减速器为主体的一般机械传动装置的设计过程为例，按照机械设计基础课程设计的一般步骤，对课程设计从准备到编写设计计算说明书与准备答辩的全过程，逐一作了简明扼要的阐述，并注意讲清楚设计中各个阶段的设计思想及设计方法，注意设计思路和方法的引导，启迪学生在融会贯通的基础上进行设计。本书针对目前课程教学中的薄弱环节及设计中易出现的错误，除加强了结构设计方面的内容外，还用大量的图例，采用正误对照的形式，表达设计中常见的错误结构，使学生在设计中少走弯路。学生使用本书经教师适当指导就能独立完成课程设计。

　　本书将设计指导书、参考图例、有关标准规范和设计资料及设计题目等有机地结合起来，使内容更加完整、系统、适用，既便于教学使用，又能减轻学校和学生的负担。

　　本书由甘肃畜牧工程职业技术学院翟爱霞任主编，李晓军和韩天判参加编写。

　　本书由甘肃畜牧工程职业技术学院张承国教授担任主审，他对书稿进行了认真细致的审阅，提出了许多宝贵意见，在此谨致以深切的谢意。

　　由于笔者的水平及时间有限，书中不足和疏漏之处难免，热忱希望读者提出宝贵意见和建议。

编者

2015 年 5 月

目 录

第四章
设计减速器结构尺寸

第五章
装配工作图的设计与绘制

第六章
零件工作图的设计与绘制

第七章

编写设计计算说明书与准备答辩

第八章

机械设计基础课程设计常用标准和规范

第九章

减速器设计资料

参考文献

第一章 机械设计基础课程设计概述

第一节 机械设计基础课程设计的目的

机械设计基础课程设计是学生学习机械设计基础课程后进行的一项综合训练，是培养学生机械设计的重要实践环节，主要目的如下。

① 通过课程设计，使学生综合运用机械设计基础课程及有关先修课程的知识，起到巩固、深化、融会贯通及扩展有关机械设计方面知识的作用，树立正确的设计思想。

② 通过课程设计的实践，培养学生分析和解决工程实际问题的能力，使学生掌握通用机械零件、机械传动装置或简单机械的一般设计方法和步骤，为今后学习专业技术打下必要的基础。

③ 提高学生的有关设计能力，如计算能力、绘图能力。

④ 提高学生运用设计资料（手册、图册等）、国家标准、规范去解决设计问题的能力，掌握经验估算等机械设计的基本技能。

第二节 机械设计基础课程设计的内容和任务

机械设计基础课程设计一般选择机械设计基础课程所学过的主要由通用零件所组成的机械传动装置或简单机械作为设计课题，而减速器包含齿轮、轴、轴承、键、联轴器及箱体等零件，包括了本课程的主要内容，选择减速器进行设计可以使学生得到较全面的基本训练。故目前主要采用以减速器为主体的机械传动装置作为设计内容。

一、机械设计基础课程设计的内容

① 拟定、分析传动装置的设计方案。

② 选择电动机，计算总传动比，分配各级传动比，计算传动装置的运动和动力参数。
③ 传动件的设计计算。
④ 轴的设计及键连接的选择与校核。
⑤ 轴承及其组合部件的设计、联轴器的选择。
⑥ 箱体及附件的设计。
⑦ 润滑与密封的设计。
⑧ 绘制减速器装配图与零件工作图。
⑨ 编写设计计算说明书。

二、机械设计基础课程设计的任务

课程设计要求在两周内完成以下任务：
① 绘制减速器装配图 1 张（用 A1 或 A0 图纸绘制）。
② 零件工作图 1~3 张（齿轮、轴、箱体等）。
③ 设计计算说明书一份。
④ 答辩。

第三节　机械设计基础课程设计的一般步骤　◀◀◀

机械设计基础课程设计与其他课程设计相同，一般可按以下顺序进行：设计准备工作→总体设计→传动件的设计计算→装配图草图的绘制（校核轴、轴承等）→装配图的绘制→零件工作图的绘制→编写设计计算说明书→答辩。每一设计步骤所包括的设计内容如表 1-1 所示。

表 1-1　机械设计基础课程设计的步骤

步骤	主 要 内 容	学时比例
1. 设计准备工作	(1)熟悉任务书,明确设计的内容和要求 (2)熟悉设计指导书、有关资料、图纸等 (3)观看录像、实物、模型或进行减速器装拆实训等,了解减速器的结构特点与制造过程	5%
2. 总体设计	(1)确定传动方案 (2)选择电动机 (3)计算传动装置的总传动比,分配各级传动比 (4)计算各轴的转速、功率和转矩	5%
3. 传动件的设计计算	(1)计算齿轮传动(或蜗杆传动)、带传动、链传动的主要参数和几何尺寸 (2)计算各传动件上的作用力	5%
4. 装配图草图的绘制	(1)确定减速器的结构方案 (2)绘制装配图草图,进行轴、轴上零件和轴承组合的结构设计 (3)校核轴的强度、校核滚动轴承的寿命 (4)绘制减速器箱体结构 (5)绘制减速器附件	40%

步　骤	主　要　内　容	学时比例
5. 装配图的绘制	(1)画底线图,画剖面线 (2)选择配合,标注尺寸 (3)编写零件序号,列出明细栏 (4)加深线条,整理图面 (5)书写技术条件、减速器特性等	25%
6. 零件工作图的绘制	(1)绘制齿轮类零件图 (2)绘制轴类零件图 (3)绘制其他零件图(由指导教师定)	8%
7. 编写设计计算说明书	(1)编写设计计算说明书,内容包括所有的计算,并附有必要的简图 (2)说明书最后一段内容应写出设计总结:一方面总结设计课题的完成情况,另一方面总结个人所作设计的收获体会以及不足之处	10%
8. 答辩	(1)做答辩准备 (2)参加答辩	2%

　　指导教师在学生完成以上设计步骤后,根据图纸、说明书以及答辩情况等对课程设计进行综合评定。

第四节　机械设计基础课程设计的要求与注意事项

　　机械设计基础课程设计是学生第一次接受全面的设计训练,学生一开始往往不知所措。一方面,指导教师应给予学生适当的指导,引导学生的设计思路,启发学生独立思考,解答学生的疑难问题,并掌握设计的进度,对设计进行阶段性检查;另一方面,作为设计的主体,学生应在教师的指导下发挥主观能动性,积极思考问题,认真阅读设计指导书,查阅有关设计资料,按教师的布置循序渐进地进行设计,按时完成设计任务。在课程设计中应注意以下事项。

　　(1) 认真设计草图是提高设计质量的关键　草图也应该按正式图的比例画出,而且作图的顺序要得当。画草图时应着重注意各零件之间的相对位置,有些细部结构可先以简化画法画出。

　　(2) 设计过程中应及时检查、及时修正　课程设计过程是一个边绘图、边计算、边修改(又称三边设计)的过程,应经常进行自查或互查,有错误应及时修改,以免造成大的返工。

　　(3) 注意计算数据的记录和整理数据　计算数据的记录和数据的整理是设计的依据,应及时记录与整理计算数据,如有变动应及时修正,供下一步设计及编写设计说明书时使用。

　　(4) 要有整体观念　设计时考虑问题周全、整体观念强,就会少出差错,从而提高设计的效率。

▌▌▌ 思考题

1. 传动装置的总体设计包括哪些内容?
2. 为什么说设计是画图与计算交叉进行的过程?
3. 为什么要采用标准?标准有哪些内容?标准件是否都有产品?
4. 零、部件的结构设计除考虑强度外还要考虑哪些问题?

第二章　机械传动装置的总体设计

机械传动装置的总体设计包括确定传动方案、选择电动机型号、合理分配传动比、计算传动装置的运动和动力参数等，为计算各级传动件参数和尺寸、设计绘制装配图提供了条件。

设计任务书一般由指导教师拟定，学生应对传动方案进行分析，对方案是否合理提出自己的见解。合理的传动方案应满足工作要求，具有结构紧凑、便于加工、效率高、成本低、使用维护方便等特点。

第一节　分析和拟定传动方案

在分析传动方案时应注意常用机械传动方式的特点及在布局上的要求。

① 带传动平稳性好，能缓冲吸振，但承载能力小，宜布置在高速级。

② 链传动平稳性差，且有冲击、振动，宜布置在低速级。

③ 蜗杆传动放在高速级时蜗轮材料应选用锡青铜，或者选用铝铁青铜。

④ 开式齿轮传动的润滑条件差，磨损严重，应布置在低速级。

表 2-1　减速器的主要类型和特点

类型	简图及特点
一级圆柱齿轮减速器	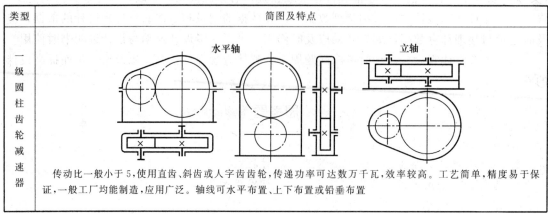 传动比一般小于 5，使用直齿、斜齿或人字齿齿轮，传递功率可达数万千瓦，效率较高。工艺简单，精度易于保证，一般工厂均能制造，应用广泛。轴线可水平布置、上下布置或铅垂布置

续表

类型	简图及特点
二级圆柱齿轮减速器	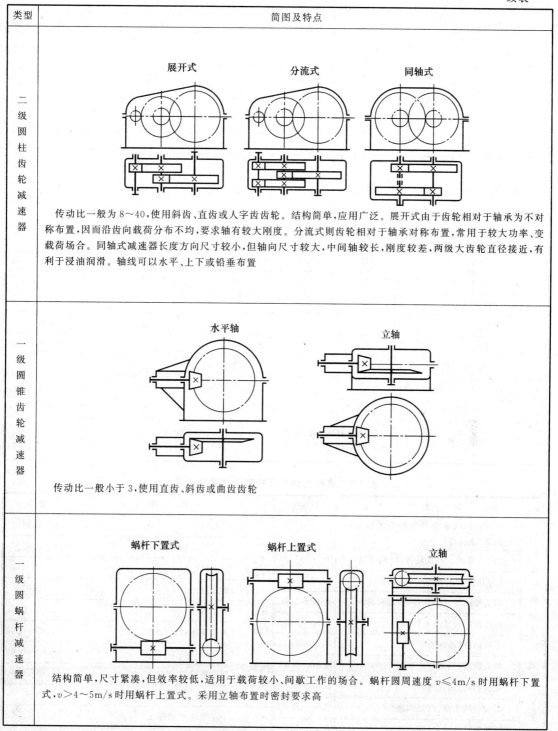 展开式　分流式　同轴式 传动比一般为 8～40,使用斜齿、直齿或人字齿齿轮。结构简单,应用广泛。展开式由于齿轮相对于轴承为不对称布置,因而沿齿向载荷分布不均,要求轴有较大刚度。分流式则齿轮相对于轴对称布置,常用于较大功率、变载荷场合。同轴式减速器长度方向尺寸较小,但轴向尺寸较大,中间轴较长,刚度较差,两级大齿轮直径接近,有利于浸油润滑。轴线可以水平、上下或铅垂布置
一级圆锥齿轮减速器	水平轴　立轴 传动比一般小于 3,使用直齿、斜齿或曲齿齿轮
一级圆蜗杆减速器	蜗杆下置式　蜗杆上置式　立轴 结构简单,尺寸紧凑,但效率较低,适用于载荷较小、间歇工作的场合。蜗杆圆周速度 $v \leqslant 4\mathrm{m/s}$ 时用蜗杆下置式,$v>4～5\mathrm{m/s}$ 时用蜗杆上置式。采用立轴布置时密封要求高

⑤ 锥齿轮、斜齿轮宜放在高速级。

常用减速器的类型和特点见表 2-1,常用传动机构的性能及适用范围见表 2-2,机械传动和摩擦副的效率概略值见表 2-3。

对初步选定的传动方案,在设计过程中还可能要不断地修改和完善。

表 2-2　常用传动机构的性能及适用范围

传动机构　　选用指标		平带传动	V带传动	链传动	齿轮传动		蜗杆传动
功率(常用值)/kW		小(≤20)	中(≤100)	中(≤100)	大(最大达50000)		小(≤50)
单级传动比	常用值	2～4	2～4	2～5	圆柱3～5	圆锥2～3	10～40
	最大值	5	7	6	8	5	80
传动效率		查表 2-3					
许用的线速度/(m/s)		≤25	≤25～30	≤20	6 级精度直齿 v≤18m/s，非直齿 v≤36m/s；5 级精度 v 可达 100m/s		≤15～35
外廓尺寸		大	大	大	小		小
传动精度		低	低	中等	高		高
工作平稳性		好	好	较差	一般		好
自锁能力		无	无	无	无		可有
过载保护作用		有	有	无	无		无
使用寿命		短	短	中等	长		中等
缓冲吸振能力		好	好	中等	差		差
要求制造及安装精度		低	低	中等	高		高
要求润滑条件		不需	不需	中等	高		高
环境适应性		不能接触酸、碱、油类、爆炸性气体		好	一般		一般

表 2-3　机械传动和摩擦副的效率概略值

种　类		效率 η	种　类		效率 η
圆柱齿轮传动	很好跑合的 6 级精度和 7 级精度齿轮传动(油润滑)	0.98～0.99	链传动	焊接链	0.93
	8 级精度的一般齿轮传动(油润滑)	0.97		片式关节链	0.95
	9 级精度的齿轮传动(油润滑)	0.96		滚子链	0.96
	加工齿的开式齿轮传动(脂润滑)	0.92～0.96		齿形链	0.97
	铸造齿的开式齿轮传动	0.90～0.93	复滑轮组	滑动轴承(i=2～6)	0.90～0.98
蜗杆传动	自锁蜗杆(油润滑)	0.40～0.45		滚动轴承(i=2～6)	0.95～0.99
	单头蜗杆(油润滑)	0.70～0.75	摩擦传动	平摩擦轮传动	0.85～0.92
	双头蜗杆(油润滑)	0.75～0.82		槽摩擦轮传动	0.88～0.90
	三头和四头蜗杆(油润滑)	0.80～0.92		卷绳轮	0.95
	环面蜗杆传动(油润滑)	0.85～0.95	联轴器	十字滑块联轴器	0.97～0.99
带传动	平带无压紧轮的开式传动	0.98		齿式联轴器	0.99
	平带有压紧轮的开式传动	0.97		弹性联轴器	0.99～0.995
	平带交叉传动	0.90		万向联轴器(α≤3°)	0.97～0.98
	V带传动	0.96		万向联轴器(α>30°)	0.95～0.97

续表

种　类		效率 η	种　类		效率 η
锥齿轮传动	很好跑合的 6 级精度和 7 级精度齿轮传动（油润滑）	0.97～0.98	卷筒		0.96
	8 级精度的一般齿轮传动（油润滑）	0.94～0.97	减（变）速器	单级圆柱齿轮减速器	0.97～0.98
	加工齿的开式齿轮传动（脂润滑）	0.92～0.95		双级圆柱齿轮减速器	0.95～0.96
	铸造齿的开式齿轮传动	0.88～0.92		行星圆柱齿轮减速器	0.95～0.98
滑动轴承	润滑不良	0.94（一对）		单级锥齿轮减速器	0.95～0.96
	润滑正常	0.97（一对）		双级圆锥-圆柱齿轮减速器	0.94～0.95
	润滑特好（压力润滑）	0.98（一对）		无级变速器	0.92～0.95
	液体摩擦	0.99（一对）		摆线-针轮减速器	0.90～0.97
滚动轴承	球轴承（稀油润滑）	0.99（一对）	丝杠传动	滑动丝杠	0.30～0.60
	滚子轴承（稀油润滑）	0.98（一对）		滚动丝杠	0.85～0.95

第二节　选择电动机

在机械设计基础课程设计中，要根据工作载荷大小及性质、转速高低、启动特性和过载情况、工作环境、安装要求及空间尺寸限制等方面来选择电动机的类型、结构形式、容量和转速，确定电动机型号。

一、类型和结构形式的选择

电动机有交流电动机和直流电动机之分，如无特殊要求一般选用交流电动机。交流电动机有异步电动机和同步电动机两类，异步电动机又分为笼型和绕线型两种，其中以普通笼型异步电动机应用最多。目前应用最广的是 Y 系列自扇冷式笼型三相异步电动机，其结构简单、启动性能好、工作可靠、价格低廉，维护方便，适用于不易燃、不易爆、无腐蚀性气体、无特殊要求的场合，如运输机、机床、风机、农业机械、轻工机械等。在经常需要启动、制动和正反转的场合（如起重机），要求电动机转动惯量小、过载能力大，应选用起重及冶金用三相异步电动机 YZ 型（笼型）或 YZR 型（绕线型）。

在连续运转的条件下，电动机发热不超过许可温升的最大功率称为额定功率。负荷达到额定功率时的电动机转速称为满载转速。三相交流异步电动机的铭牌上都标有额定功率和满载转速。为满足不同的输出轴要求和安装需要，同一类型的电动机可制成几种安装结构形式，并以不同的机座号来区别。各型号电动机的技术数据，如额定功率、满载转速、启动转矩和额定转矩之比、最大转矩和额定转矩之比、外形及安装尺寸等，可查阅有关机械设计手册或电动机产品目录。

二、确定电动机的功率

电动机功率的选择是否合适，直接影响到电动机的工作性能和经济性能的好坏。如果所选电动机的功率小于工作要求，则不能保证工作机正常工作，会使电动机经常过载而提早损坏；如果所选电动机的功率过大，则电动机经常不能满载运行，功率因数和效率较低，从而增加电能消耗、造成浪费。因此，在设计中一定要选择合适的电动机功率。

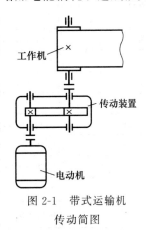

图 2-1　带式运输机传动简图

机械设计基础课程设计的题目一般为长期连续运转、载荷不变或很少变化的机械。确定电动机功率的原则是电动机的额定功率 P_{ed} 稍大于电动机工作功率 P_d，即 $P_{ed} \geq P_d$，这样电动机在工作时就不会过热。一般情况下可以不校验电动机的启动转矩和发热。

如图 2-1 所示的带式运输机，其工作机所需要的电动机输出功率为

$$P_d = \frac{P_w}{\eta} \tag{2-1}$$

式中，P_w 为工作机所需输入功率，即指运输带主动端所需功率，kW；η 为电动机至工作机主动端之间的总效率。

工作机所需功率 P_w 由机器的工作阻力和运动参数（线速度或转速）求得，可由设计任务书给定的工作参数（F、η 或 T、n）按下式计算：

$$P_w = \frac{Fv}{1000\eta_w} \tag{2-2}$$

或

$$P_w = \frac{Tn_w}{9550\eta_w} \tag{2-3}$$

式中，F 为工作机的工作阻力，N；v 为工作机卷筒的线速度，m/s；T 为工作机的阻力矩，N·m；n_w 为工作机卷筒的转速，r/min；η_w 为工作机的效率。

由电动机至工作机的传动装置总效率 η 为

$$\eta = \eta_1 \times \eta_2 \times \eta_3 \times \cdots \times \eta_n \tag{2-4}$$

式中，η_1、η_2、η_3、$\cdots$、η_n 分别为传动装置中各传动副（齿轮、蜗杆、带或链）、轴承、联轴器的效率，其概略值可按表 2-3 选取。由此可知，应初选联轴器、轴承类型及齿轮精度等级，以便于确定各部分的效率。

计算传动装置的总效率时需注意以下几点：

① 表中所列为效率值的范围时，一般可取中间值。

② 同类型的几对传动副、轴承或联轴器，均应单独计入总效率。

③ 轴承效率均指一对轴承的效率。

④ 蜗杆传动效率与蜗杆的头数及材料有关，设计时应先选头数并估计效率，待设计出蜗杆的传动参数后再最后确定效率，并核验电动机所需功率。

三、确定电动机的转速

同一类型、相同额定功率的电动机有几种不同的转速。低转速电动机的极数多、外廓尺寸及重量都较大，价格较高，但可使传动装置的总传动比及尺寸减小，从而降低传动装置成本，高转速电动机则相反。因此，在设计时应综合考虑各方面因素选取适当的电动机转速。三相异步电动机有四种常用的同步转速，即 3000r/min、1500r/min、1000r/min、750r/min，一般多选用同步转速为 1500r/min 或 1000r/min 的电动机。

由工作机的转速要求和传动机构的合理传动比范围，推算出电动机转速的可选范围，即

$$n_{\mathrm{d}} = (i_1 \times i_2 \times \cdots \times i_n) n_{\mathrm{w}} \qquad (2\text{-}5)$$

式中，n_{d} 为电动机可选转速范围；i_1、i_2、$\cdots$、i_n 分别为各级传动机构的合理传动比范围。

由选定的电动机类型、结构、容量和转速查出电动机型号，并记录其型号、额定功率、满载转速、中心高、轴伸尺寸、键连接尺寸等（见第八章）。

设计传动装置时，一般按实际需要的电动机输出功率 P_{d} 计算，转速则取满载转速。

【例 2-1】 图 2-2 所示为带式运输机的传动方案。已知卷筒直径 $D = 500\mathrm{mm}$，运输带的有效拉力 $F = 1500\mathrm{N}$，运输带速度 $v = 2\mathrm{m/s}$，卷筒效率为 0.96，长期连续工作。试选择合适的电动机。

解：

（1）选择电动机类型　按已知的工作要求和条件，选用 Y 型全封闭笼型三相异步电动机。

（2）选择电动机功率　工作机所需的电动机输出功率为

$$P_{\mathrm{d}} = \frac{P_{\mathrm{w}}}{\eta}$$

$$P_{\mathrm{w}} = \frac{Fv}{1000 \eta_{\mathrm{w}} \eta}$$

所以

$$P_{\mathrm{d}} = \frac{Fv}{1000 \eta_{\mathrm{w}} \eta}$$

电动机至工作机之间的总效率（包括工作机效率）为

$$\eta \times \eta_{\mathrm{w}} = \eta_1 \times \eta_2^2 \times \eta_3 \times \eta_4 \times \eta_5 \times \eta_6$$

式中，η_1、η_2、η_3、η_4、η_5、η_6 分别为带传动、齿轮传动的轴承、齿轮传动、联轴器、卷筒轴的轴承及卷筒的效率。取 $\eta_1 = 0.96$、$\eta_2 = 0.99$、$\eta_3 = 0.97$、$\eta_4 = 0.97$、$\eta_5 = 0.98$、$\eta_6 = 0.96$，则

$$\eta \times \eta_{\mathrm{w}} = 0.96 \times 0.99^2 \times 0.97 \times 0.97 \times 0.98 \times 0.96 = 0.83$$

所以

$$P_{\mathrm{d}} = \frac{Fv}{1000 \eta_{\mathrm{w}} \eta} = \frac{1500 \times 2}{1000 \times 0.83} \mathrm{kW} = 3.61 \mathrm{kW}$$

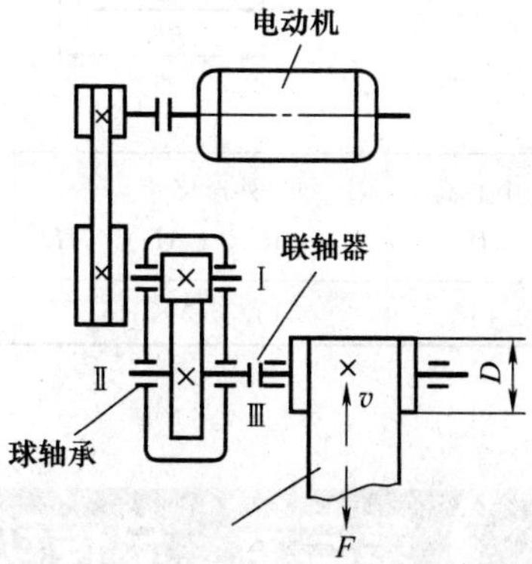

（3）确定电动机转速　卷筒轴的工作转速为

图 2-2　带式运输机的传动方案

$$n_{\mathrm{w}} = \frac{60 \times 1000 v}{\pi D} = \frac{60 \times 1000 \times 2}{\pi \times 500} \mathrm{r/min} = 76.4 \mathrm{r/min}$$

按推荐的合理传动比范围，取 V 带传动的传动比 $i_1' = 2 \sim 4$，单级齿轮传动比 $i_2' = 3 \sim 5$，则合理总传动比的范围为 $i' = 6 \sim 20$，故电动机转速的可选范围为

$$n_{\mathrm{d}}' = i' \times n_{\mathrm{w}} = (6 \sim 20) \times 76.4 \mathrm{r/min}$$

$$n_{\mathrm{d}}' = 458 \sim 1528 \mathrm{r/min}$$

符合这一范围的同步转速有 750r/min、1000r/min、1500r/min，再根据计算出的容量由表 8-81 查出有三种适用的电动机型号，其技术参数及传动比的情况见表 2-4。

综合考虑电动机和传动装置的尺寸、重量以及带传动和减速器的传动比，比较三个方案可知：方案 1 的电动机转速低，外廓尺寸及重量较大，价格较高，虽然总传动比不大，但因电动机转速低，导致传动装置尺寸较大。方案 3 电动机转速较高，但总传动比大，传动装置

尺寸较大。方案 2 适中，比较适合。因此，选定电动机型号为 Y132M1-6，所选电动机的额定功率 $P_{ed}=4kW$，满载转速 $n_m=960r/min$，总传动比适中，传动装置结构较紧凑。所选电动机的主要外形尺寸和安装尺寸如表 2-5 所列。

表 2-4　电动机型号

方案	电动机型号	额定功率 P_{ed}/kW	电动机转速/(r/min)		传动装置的传动比		
			同步转速	满载转速	总传动比	带传动比	齿轮传动比
1	Y160M1-8	4	750	720	9.42	3	3.14
2	Y132M1-6	4	1000	960	12.57	3.14	4
3	Y112M-4	4	1500	1440	18.85	3.5	5.385

表 2-5　电动机外形尺寸和安装尺寸　　　　　　　　　　单位：mm

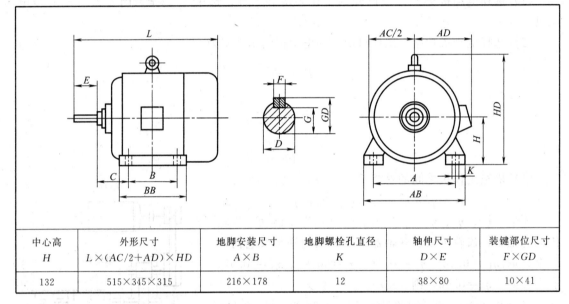

中心高 H	外形尺寸 $L\times(AC/2+AD)\times HD$	地脚安装尺寸 $A\times B$	地脚螺栓孔直径 K	轴伸尺寸 $D\times E$	装键部位尺寸 $F\times GD$
132	515×345×315	216×178	12	38×80	10×41

⚙ 第三节　总传动比的计算与分配 ‹‹‹ ←

一、总传动比的计算

由选定电动机的满载转速 n_m 和工作机主动轴的转速 n_w，可得传动装置的总传动比为

$$i=\frac{n_m}{n_w} \tag{2-6}$$

对于多级传动，i 为

$$i=i_1\times i_2\times i_3\times\cdots\times i_n \tag{2-7}$$

二、总传动比的分配

计算出总传动比后，应合理地分配各级传动比，限制传动件的圆周速度以减小动载荷，

降低传动精度等级。分配各级传动比时主要应考虑以下几点：

① 各级传动的传动比应在推荐的范围内选取，参见表 2-2。

② 应使传动装置的结构尺寸较小、重量较轻。如图 2-3 所示，当二级减速器的总中心距和总传动比相同时，传动比分配方案不同，减速器的外廓尺寸也不同。

③ 应使各传动件的尺寸协调，结构匀称、合理，避免互相干涉碰撞。例如，由带传动和齿轮减速器组成的传动中，一般应使带传动的传动比小于齿轮传动的传动比。如果带传动的传动比过大，大带轮过大，则易使大带轮与底座相碰，如图 2-4 所示。

④ 在二级减速器中，高速级和低速级的大齿轮直径应尽量相近，以利于浸油润滑。

一般对于展开式二级圆柱齿轮减速器，推荐高速级传动比取 $i_1 = (1.3 \sim 1.5)i_2$，同轴式减速器则取 $i_1 = i_2$。

传动装置的实际传动比要由选定的齿轮齿数或带轮基准直径准确计算，因而很可能与设定的传动比之间有误差。一般允许工作机实际转速与设定转速之间的相对误差为 $\pm(3 \sim 5)\%$。

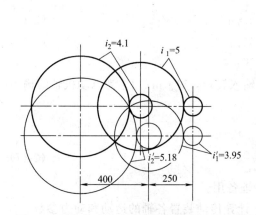

图 2-3　两种传动比分配方案的外廓尺寸比较

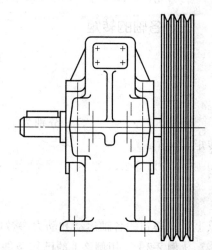

图 2-4　带轮与底座相碰

第四节　传动装置的运动和动力参数

为进行传动件的设计计算，应首先推算出各轴的转速、功率和转矩。一般按电动机至工作机之间运动传递的路线推算各轴的运动和动力参数，现以图 2-2 所示的带式运输机传动简图为例来说明。

一、各轴的转速

$$n_{\text{I}} = \frac{n_{\text{m}}}{i_0} \tag{2-8}$$

$$n_{\text{II}} = \frac{n_{\text{I}}}{i_1} = \frac{n_{\text{m}}}{i_0 \times i_1} \tag{2-9}$$

$$n_{\text{III}} = \frac{n_{\text{II}}}{i_2} = \frac{n_{\text{m}}}{i_0 \times i_1 \times i_2} \tag{2-10}$$

式中，n_{m} 为电动机的满载转速，r/min；n_{I}、n_{II}、n_{III} 分别为 I、II、III 轴（I 轴为高速轴，III 轴为低速轴）的转速，r/min；i_0 为电动机至 I 轴的传动比；i_1 为 I 轴至 II 轴的传动比；i_2 为 II 轴至 III 轴的传动比。

二、各轴的输入功率

$$P_{\text{I}} = P_{\text{d}} \times \eta_{01} \tag{2-11}$$

$$P_{\text{II}} = P_{\text{I}} \times \eta_{12} = P_{\text{d}} \times \eta_{01} \times \eta_{12} \tag{2-12}$$

$$P_{\text{II}} = P_{\text{II}} \times \eta_{23} = P_{\text{d}} \times \eta_{01} \times \eta_{12} \times \eta_{23} \tag{2-13}$$

式中，P_{d} 为电动机的输出功率，kW；P_{I}、P_{II}、P_{III} 分别为 I、II、III 轴的输入功率，kW；η_{01}、η_{12}、η_{23} 分别为电动机轴与 I 轴、I 轴与 II 轴、II 轴与 III 轴间的传动效率。

三、各轴的转矩

$$T_{\text{I}} = T_{\text{d}} \times i_0 \times \eta_{01} \tag{2-14}$$

$$T_{\text{II}} = T_{\text{I}} \times i_1 \times \eta_{12} \tag{2-15}$$

$$T_{\text{III}} = T_{\text{II}} \times i_2 \times \eta_{23} \tag{2-16}$$

式中，T_{I}、T_{II}、T_{III} 分别为 I、II、III 轴的输入转矩，N·m；T_{d} 为电动机轴的输出转矩，N·m。

T_{d} 的计算公式为

$$T_{\text{d}} = 9550 \frac{P_{\text{d}}}{n_{\text{m}}} \tag{2-17}$$

以上计算得到的各轴运动和动力参数以表格形式整理备用。

【例 2-2】 用例 2-1 的已知条件和计算结果，计算传动装置各轴的运动和动力参数。

解：

（1）各轴转速 由式（2-8）～式（2-10）得

I 轴
$$n_{\text{I}} = \frac{n_{\text{m}}}{i_0} = \frac{960}{3.14}\text{r/min} = 305.75\text{r/min}$$

II 轴
$$n_{\text{II}} = \frac{n_{\text{I}}}{i_1} = \frac{305.73}{4}\text{r/min} = 76.4\text{r/min}$$

卷筒轴
$$n_{\text{w}} = n_{\text{II}} = 76.4\text{r/min}$$

（2）各轴的输入功率 由式（2-11）～式（2-13）得

I 轴
$$P_{\text{I}} = P_{\text{d}} \times \eta_{01} = 3.61 \times 0.96 = 3.466\text{kW}$$

II 轴
$$P_{\text{II}} - P_{\text{I}} \times \eta_{12} = P_{\text{I}} \times \eta_2 \times \eta_3 = 3.466 \times 0.99 \times 0.97 = 3.33\text{kW}$$

卷筒轴
$$P_{\text{w}} = P_{\text{II}} \times \eta_{23} = P_{\text{II}} \times \eta_2 \times \eta_4 = 3.33 \times 0.99 \times 0.97 = 3.20\text{kW}$$

（3）各轴的输入转矩 由式（2-17）计算电动机轴的输出转矩 T_{d}

$$T_{\text{d}} = 9550 \frac{P_{\text{d}}}{n_{\text{m}}} = 9550 \times \frac{3.61}{960} = 35.91\text{N·m}$$

由式（2-14）～式（2-16）得

I 轴 $T_{\text{I}} = T_{\text{d}} \times i_0 \times \eta_{01} = T_{\text{d}} \times i_0 \times \eta_1 = 35.91 \times 3.14 \times 0.96 = 108.25\text{N·m}$

Ⅱ轴　　$T_Ⅱ = T_Ⅰ \times i_1 \times \eta_{12} = T_Ⅰ \times i_1 \times \eta_2 \times \eta_3 = 108.25 \times 4 \times 0.99 \times 0.97 = 415.82 \text{N} \cdot \text{m}$

卷筒轴　　　　$T_w = T_Ⅱ \times \eta_2 \times \eta_4 = 415.82 \times 0.99 \times 0.97 = 399.31 \text{N} \cdot \text{m}$

运动和动力参数的计算结果列于表 2-6。

表 2-6　运动和动力参数的计算结果

参数 ＼ 轴名	电动机轴	Ⅰ轴	Ⅱ轴	卷筒轴
转速 $n/(\text{r/min})$	960	305.73	76.4	76.4
输入功率 P/kW	3.61	3.466	3.33	3.20
输入转矩 $T/\text{N} \cdot \text{m}$	35.91	108.25	415.82	399.31
传动比 i		3.14	4	1
效率 η		0.96	0.96	0.96

思考题

1. 传动装置的主要作用是什么？合理的传动方案应有哪些要求？

2. 各种机械传动形式有哪些特点？其适用范围怎样？

3. 为什么一般带传动布置在高速级，链传动在低速级？

4. 蜗杆传动在多级传动中怎样布置较好？圆锥齿轮传动为什么常布置在高速级？

5. 减速器的主要类型有哪些？各有什么特点？读减速器装配图时要注意什么问题？

6. 你所设计的传动装置有哪些特点？

7. 选择电动机包括哪些内容？

8. 常用电动机的类型有哪几种？各有什么特点？根据哪些条件来选择电动机类型？

9. 电动机的容量主要是根据什么条件确定的？电动机的运行状态有哪几种？如何确定所需要的电动机工作功率？所选标准电动机的额定功率与工作功率是否相同？它们之间要满足什么条件？设计传动装置时用什么功率？

10. 传动装置的效率如何考虑？计算总效率时要注意哪些问题？

11. 电动机的转速如何确定？选择高转速电动机与低转速电动机各有什么优缺点？电动机的工作转速与同步转速是否相同？设计中用哪一转速？

12. 如何查出电动机型号？Y 系列电动机型号中各符号表示的意义是什么？传动装置设计中所需的电动机参数有哪些？

13. 合理分配传动比有什么意义？分配传动比时要考虑哪些原则？

14. 分配的传动比和传动件实际传动比是否一定相同？工作机的实际转速与设计要求的误差范围不符时如何处理？

15. 传动装置中各相邻轴间的功率、转矩、转速关系如何确定？同一轴的输入功率与输出功率是否相同，设计传动件或轴时用哪个功率？

第三章　机械传动零件的设计计算

为了进行减速器装配工作图的设计，必须先计算各级传动件的尺寸、参数、材料、热处理方式以及减速器外传动件的具体结构，根据传动方案要求还要选好联轴器的类型和规格。为使设计减速器的原始条件比较准确，一般先计算减速器的外传动件，如带传动、链传动和开式齿轮传动等，然后计算减速器内的传动件。

一、选择联轴器的类型和型号

一般在传动装置中有两个联轴器：一个是连接电动机轴与减速器高速轴的联轴器；另一个是连接减速器低速轴与工作机轴的联轴器。前者由于所连接轴的转速较高，为了减小启动载荷、缓和冲击，应选用具有较小转动惯量的弹性联轴器，如弹性柱销联轴器等。后者由于所连接轴的转速较低，传递的转矩较大，减速器与工作机常不在同一底座上而要求有较大的轴线偏移补偿，因此常选用无弹性元件的挠性联轴器，例如十字滑块联轴器等。

对于标准联轴器，主要按传递转矩的大小和转速选择型号，在选择时还应注意联轴器轴孔尺寸必须与轴的直径相适应。

二、设计减速器外传动零件

减速器外传动零件的设计计算方法按主教材所述，下面仅就应注意的问题作简要说明。

1. 带传动设计

① 应注意带轮尺寸与传动装置外廓尺寸及安装尺寸的关系。例如，装在电动机轴上的小带轮外圆半径应小于电动机的中心高；带轮轴孔的直径、长度应与电动机轴的直径及长度相对应；大带轮的外圆半径不能过大，否则会与机器底座相干涉等。

② 带轮的结构形式主要取决于带轮直径的大小，其具体结构及尺寸可查主教材或设计手册。应该注意的是，大带轮轴孔的直径和长度应与减速器输入轴轴伸的尺寸相适应。带轮轮毂的长度 L 与轮缘的宽度可以不相同，一般轮毂长度 L 按轴孔的直径 d 确定，取 $L = (1.5 \sim 2)d$，而轮缘宽度则取决于传动带的型号和根数。

③ 带轮的直径确定后，应验算实际传动比和大带轮的转速，并以此修正减速器的传动比和输入转矩。

2. 链传动设计

① 应使链轮的直径、轴孔尺寸等与减速器、工作机相适应。应由所选链轮的齿数计算实际传动比，并考虑是否需要修正减速器的传动比。

② 如果选用的单列链尺寸过大，则应改选双列链。画链轮结构图时只需画其轴向齿形图即可。

3. 开式齿轮设计

① 开式齿轮传动一般布置在低速级，常采用直齿轮。因开式齿轮传动润滑条件差、磨损严重，因此只需计算轮齿的弯曲强度，再将计算所得模数增大 10%～20% 即可。

② 应选用耐磨性好的材料作为齿轮材料。选择大齿轮的材料时应考虑其毛坯尺寸和制造方法，例如当齿轮直径超过 500mm 时，应采用铸造毛坯。

③ 由于开式齿轮的支承刚度小，其齿宽系数应取小些。

④ 应检查齿轮的尺寸与工作机是否相称，有无碰撞、干涉等现象。应按齿轮的齿数计算实际传动比，并视具体情况修改减速器的传动比。

三、设计减速器内传动零件

减速器内传动零件的设计计算及结构设计方法均可依据主教材的有关内容进行，这里只讨论应注意的事项。

① 在选用齿轮的材料前，应先估计大齿轮的直径。如果大齿轮直径较大，则多采用铸造毛坯，齿轮材料应选用铸钢或铸铁材料。如果小齿轮的齿根圆直径与轴径接近，齿轮与轴可制成一体，选用的材料应兼顾轴的要求。同一减速器的各级小齿轮（或大齿轮）的材料应尽可能一致，以减少材料的牌号，降低加工的工艺要求。

② 计算齿轮的啮合几何尺寸时应精确到小数点后 2～3 位，角度应精确到 "″"（秒），而中心距、齿宽和结构尺寸应尽量圆整为整数。斜齿轮传动的中心距应通过改变 β 角（螺旋角）的方法圆整为以 0、5 结尾的整数。

③ 传递动力的齿轮，其模数应大于 1.5～2mm。

④ 锥齿轮的分度圆锥角 δ_1、δ_2 可由传动比 l 算出，l 值的计算应精确到小数点后 4 位，δ 值的计算应精确到秒（″）。

⑤ 蜗杆传动的中心距应尽量圆整成尾数为 0 或 5 的整数，蜗杆的螺旋线方向应尽量选用右旋，以便于加工。蜗杆传动的啮合几何尺寸也应精确计算。

⑥ 当蜗杆的圆周速度 $v<4\text{m/s}$ 时，一般采用蜗杆下置式；当 $v>4$～5m/s 时，则采用蜗杆上置式。

⑦ 蜗杆的强度和刚度验算以及蜗杆传动的热平衡计算都要在装配草图的设计中进行。

⑧ 各齿轮的参数和几何尺寸的计算结果应及时整理并列表备用。

<hr>

■ 思考题 ■

1. 传动装置设计中，为什么一般要先计算传动零件？为什么传动零件中一般又是先计算减速器外的传动零件？

2. 设计带传动所需的原始数据主要有哪些？设计内容主要有哪些？

3. 设计滚子链传动所需的已知条件主要有哪些？设计内容主要有哪些？

4. 开式齿轮的设计要点有哪些？

5. 齿轮传动参数中,哪些应取标准值?哪些要精确计算?哪些应该圆整?

6. 如对圆柱齿轮传动的中心距数值进行圆整,则应该如何处理 m、z、β、x 等参数?

7. 三种齿宽系数 ψ_d、ψ_a 和 ψ_m 之间是什么关系?能不能分别任意选取数值?

8. 齿轮的材料和齿轮的结构两者间有什么关系?直径大于 500mm 的齿轮应该选用什么材料?

9. 圆锥齿轮传动的节锥顶距 R 能不能圆整?为什么?

10. 如何估算蜗杆传动的滑动速度 v_s?设计结果的滑动速度与预估值不符时要修改哪些参数?

第四章　设计减速器结构尺寸

　　图 4-1、图 4-2 分别为圆柱齿轮减速器和蜗杆减速器的典型结构。设计减速器的箱体结构时，可参考图 4-1～图 4-4 及表 4-1～表 4-5，以确定箱体各部分的尺寸。

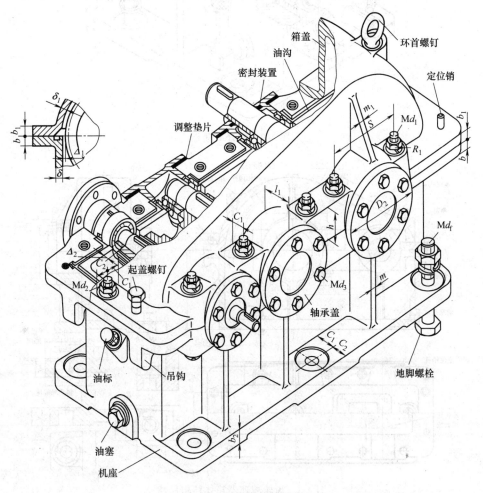

图 4-1　圆柱齿轮减速器

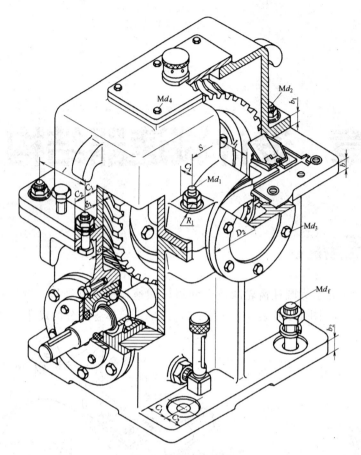

图 4-2 蜗杆减速器

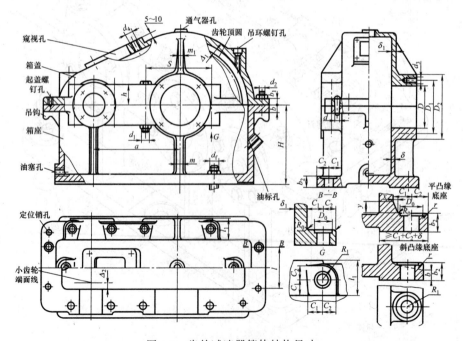

图 4-3 齿轮减速器箱体结构尺寸

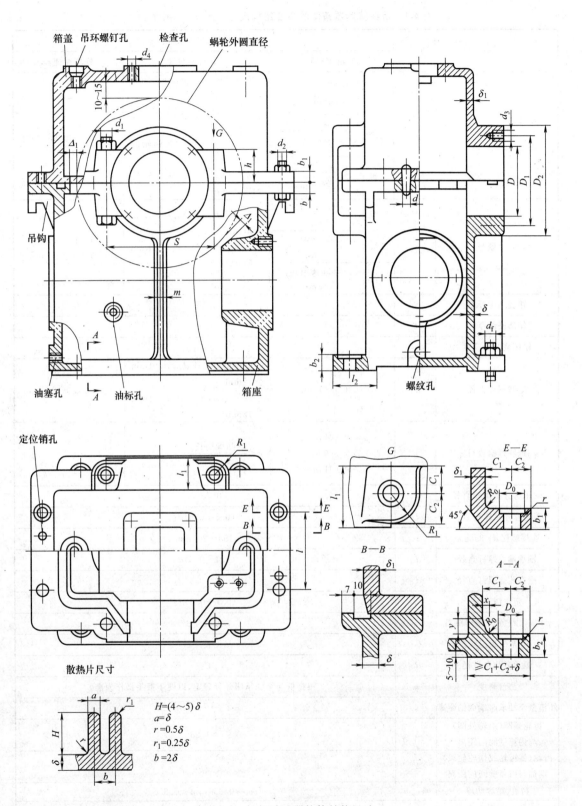

图 4-4 蜗杆减速器箱体结构尺寸

表 4-1　铸铁减速器箱体的主要结构尺寸（图 4-1～图 4-4）

名称	符号	减速器形式、尺寸关系/mm		
		齿轮减速器	锥齿轮减速器	蜗杆减速器
箱座壁厚	δ	一级 $0.025a+1mm$ $\geq 8mm$	$0.0125(d_{1m}+d_{2m})+1mm$ $\geq 8mm$ 或 $0.01(d_1+d_2)+1mm$ $\geq 8mm$ d_1、d_2——小、大锥齿轮的大端直径 d_{1m}、d_{2m}——小、大锥齿轮的平均直径	$0.04a+3mm\geq 8mm$
		二级 $0.025a+3mm$ $\geq 8mm$		
		三级 $0.025a+5mm$ $\geq 8mm$		
箱盖壁厚	δ_1	一级 $0.02a+1mm$ $\geq 8mm$	$0.01(d_{1m}+d_{2m})+1mm$ $\geq 8mm$ 或 $0.0085(d_1+d_2)+1mm$ $\geq 8mm$	蜗杆在上：$\approx \delta$ 蜗杆在下：$=0.85\delta\geq 8$
		二级 $0.02a+3mm$ $\geq 8mm$		
		三级 $0.02a+5mm$ $\geq 8mm$		
箱盖凸缘厚度	b_1	$1.5\delta_1$		
箱座凸缘厚度	b	1.5δ		
箱座底凸缘厚度	b_2	2.5δ		
地脚螺栓直径	d_f	$0.036a+12mm$	$0.018(d_{1m}+d_{2m})+1mm$ $\geq 12mm$ 或 $0.015(d_1+d_2)+1mm$ $\geq 12mm$	$0.036a+12mm$
地脚螺栓数目	n	$a\leq 250$ 时，$n=4$ $250<a\leq 500$ 时，$n=6$ $a>500$ 时，$n=8$	$n=\dfrac{底凸缘周长之半}{200\sim 300}\geq 4$	
轴承旁连接螺栓直径	d_1	$0.75d_f$		
盖与座连接螺栓直径	d_2	$(0.5\sim 0.6)d_f$		
连接螺栓 d_2 的间距	l_1	$150\sim 200mm$		
轴承端盖螺钉直径	d_3	$(0.4\sim 0.5)d_f$		
检查孔盖螺钉直径	d_4	$(0.3\sim 0.4)d_f$		
定位销直径	d	$(0.7\sim 0.8)d_2$		
d_f、d_1、d_2 至外箱壁距离	C_1	见表 4-2		
d_f、d_2 至凸缘边缘距离	C_2	见表 4-2		
轴承旁凸台半径	R_1	C_2		
凸台高度	h	根据低速级轴承座外径确定，以便于扳手操作为准		
外箱壁至轴承座端面的距离	l	$C_1+C_2+(5\sim 10)mm$		
齿轮顶圆（蜗轮外圆）与内箱壁间的距离	Δ_1	$>1.2\delta$		
齿轮（锥齿轮或蜗轮轮毂）端面与内箱壁间的距离	Δ_2	$>\delta$		
箱盖、箱底肋厚	m_1、m	$m_1\approx 0.85\delta_1$；$m\approx 0.85\delta$		
轴承端盖外径	D_2	$D+(5\sim 5.5)d_3$，D——轴承外径（嵌入式轴承盖尺寸见表 4-5）		
轴承旁连接螺栓距离	S	尽量靠近，以 Md_1 和 Md_3 互不干涉为准，一般取 $S=D_2$		

表 4-2　凸台及凸缘的结构尺寸（图 4-3、图 4-4）　　　　　单位：mm

螺栓直径	M6	M8	M10	M12	M14	M16	M18	M20	M22	M24	M27	M30
C_{1min}	12	14	16	18	20	22	24	26	30	34	38	40
C_{2min}	10	12	14	16	18	20	22	24	26	28	32	35
D_0	13	18	22	26	30	33	40	40	43	48	53	61
R_{0max}	5					8				10		
r_{max}	3					5				8		

表 4-3　起重吊耳和吊钩

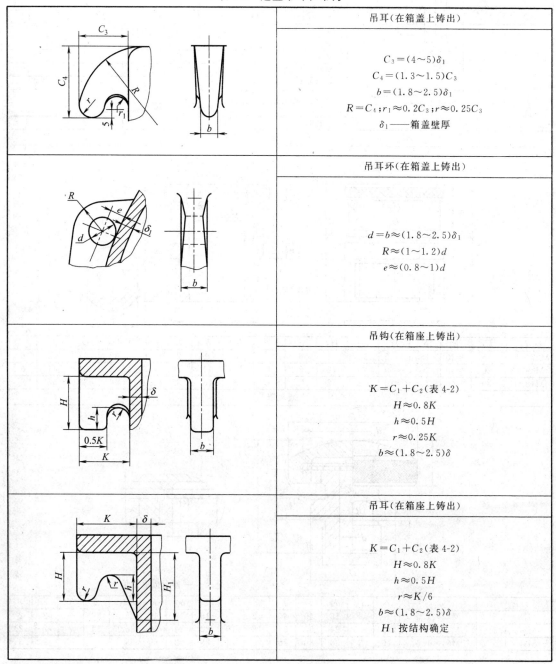

吊耳（在箱盖上铸出）

$$C_3 = (4 \sim 5)\delta_1$$
$$C_4 = (1.3 \sim 1.5)C_3$$
$$b = (1.8 \sim 2.5)\delta_1$$
$$R = C_4; r_1 \approx 0.2C_3; r \approx 0.25C_3$$
$$\delta_1 —— 箱盖壁厚$$

吊耳环（在箱盖上铸出）

$$d = b \approx (1.8 \sim 2.5)\delta_1$$
$$R \approx (1 \sim 1.2)d$$
$$e \approx (0.8 \sim 1)d$$

吊钩（在箱座上铸出）

$$K = C_1 + C_2 (表 4-2)$$
$$H \approx 0.8K$$
$$h \approx 0.5H$$
$$r \approx 0.25K$$
$$b \approx (1.8 \sim 2.5)\delta$$

吊耳（在箱座上铸出）

$$K = C_1 + C_2 (表 4-2)$$
$$H \approx 0.8K$$
$$h \approx 0.5H$$
$$r \approx K/6$$
$$b \approx (1.8 \sim 2.5)\delta$$
$$H_1 按结构确定$$

表 4-4 通气器的结构形式和尺寸　　　　　　　　　　单位：mm

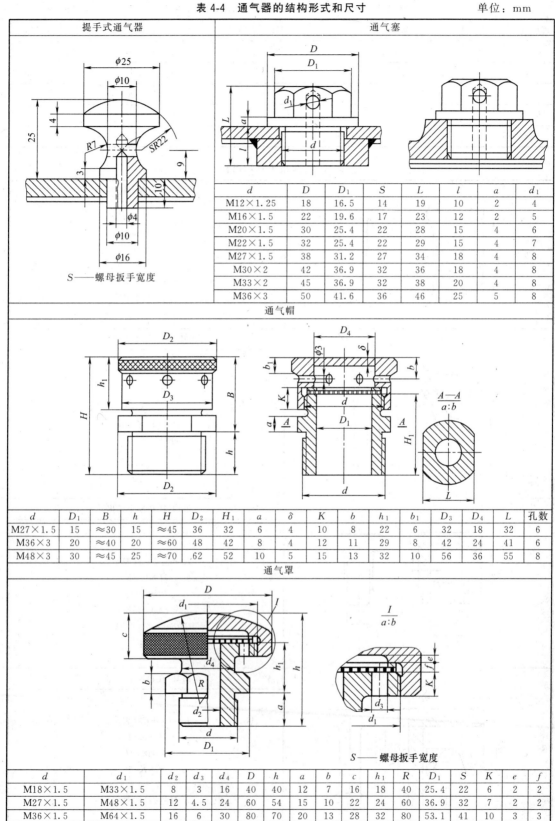

通气塞

d	D	D_1	S	L	l	a	d_1
M12×1.25	18	16.5	14	19	10	2	4
M16×1.5	22	19.6	17	23	12	2	5
M20×1.5	30	25.4	22	28	15	4	6
M22×1.5	32	25.4	22	29	15	4	7
M27×1.5	38	31.2	27	34	18	4	8
M30×2	42	36.9	32	36	18	4	8
M33×2	45	36.9	32	38	20	4	8
M36×3	50	41.6	36	46	25	5	8

S——螺母扳手宽度

通气帽

d	D_1	B	h	H	D_2	H_1	a	δ	K	b	h_1	b_1	D_3	D_4	L	孔数
M27×1.5	15	≈30	15	≈45	36	32	6	4	10	8	22	6	32	18	32	6
M36×3	20	≈40	20	≈60	48	42	8	4	12	11	29	8	42	24	41	6
M48×3	30	≈45	25	≈70	62	52	10	5	15	13	32	10	56	36	55	8

通气罩

d	d_1	d_2	d_3	d_4	D	h	a	b	c	h_1	R	D_1	S	K	e	f
M18×1.5	M33×1.5	8	3	16	40	40	12	7	16	18	40	25.4	22	6	2	2
M27×1.5	M48×1.5	12	4.5	24	60	54	15	10	22	24	60	36.9	32	7	2	2
M36×1.5	M64×1.5	16	6	30	80	70	20	13	28	32	80	53.1	41	10	3	3

S——螺母扳手宽度

表 4-5　减速器轴承端盖与轴承套杯结构尺寸　　　　　　　　　　单位：mm

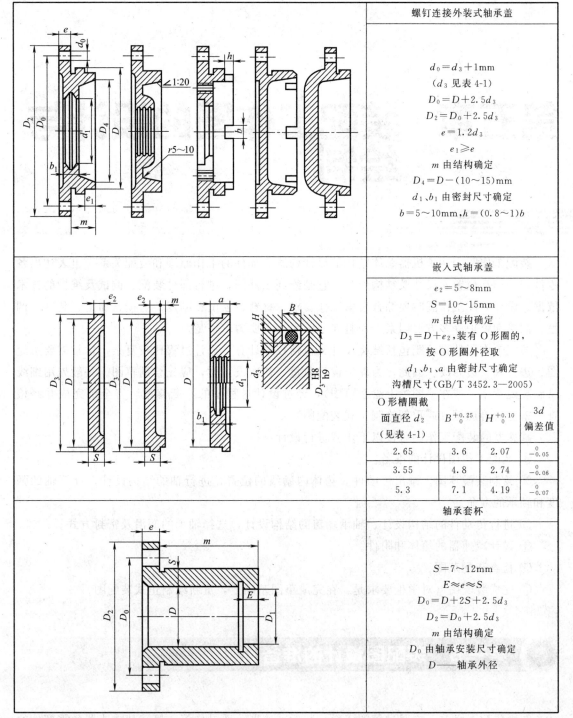

螺钉连接外装式轴承盖

$$d_0 = d_3 + 1mm$$
（d_3 见表 4-1）
$$D_0 = D + 2.5d_3$$
$$D_2 = D_0 + 2.5d_3$$
$$e = 1.2d_3$$
$$e_1 \geqslant e$$
m 由结构确定
$$D_4 = D - (10 \sim 15)mm$$
d_1、b_1 由密封尺寸确定
$$b = 5 \sim 10mm, h = (0.8 \sim 1)b$$

嵌入式轴承盖

$$e_2 = 5 \sim 8mm$$
$$S = 10 \sim 15mm$$
m 由结构确定
$D_3 = D + e_2$，装有 O 形圈的，
按 O 形圈外径取
d_1、b_1、a 由密封尺寸确定
沟槽尺寸（GB/T 3452.3—2005）

O 形槽圈截面直径 d_2（见表 4-1）	$B^{+0.25}_{0}$	$H^{+0.10}_{0}$	$3d$ 偏差值
2.65	3.6	2.07	$^{0}_{-0.05}$
3.55	4.8	2.74	$^{0}_{-0.06}$
5.3	7.1	4.19	$^{0}_{-0.07}$

轴承套杯

$$S = 7 \sim 12mm$$
$$E \approx e \approx S$$
$$D_0 = D + 2S + 2.5d_3$$
$$D_2 = D_0 + 2.5d_3$$
m 由结构确定
D_0 由轴承安装尺寸确定
D——轴承外径

注：材料为 HT150。

第五章　装配工作图的设计与绘制

装配工作图表达了机器总体结构的设计构思、部件的工作原理和装配关系，也表达出各零件间的相互位置、尺寸及结构形状。它是绘制零件图，进行部件装配、调试及维护的技术依据。设计装配工作图时要综合考虑工作要求、材料、强度、刚度、磨损、加工、装拆、调整、润滑和维护等多方面因素，而且在视图表达上要力求清楚。

装配工作图的设计既包括结构设计又包括校核计算，设计过程比较复杂，常常需要边绘图、边计算、边修改。因此，为保证设计质量，初次设计时，应先绘制草图。一般先用细线绘制装配草图（或在草图纸上绘制草图），经过设计过程中的不断修改，待全部完成并经检查、审查后再加深（或重新绘制正式装配图）。

减速器的装配工作图可按以下步骤进行设计：

① 装配工作图设计的准备。

② 绘制装配草图。画出传动件及箱体内壁线的位置，进行轴的结构设计，计算轴的强度和轴承的寿命。

③ 进行传动件的结构设计、轴承端盖的结构设计，选择轴承的润滑及密封方式。

④ 设计减速器的箱体和附件。

⑤ 检查装配草图。

⑥ 完成装配图（对学生要求是：在完成草图基础上，重新绘制正式装配图）。

第一节　装配图设计的准备阶段

在画装配图之前，应通过翻阅资料、装拆减速器、看录像等，搞清楚减速器各零部件的作用、类型和结构。还要注意减速器的以下几项技术数据：

① 电动机型号，电动机输出轴的轴径、轴伸长度，电动机的中心高。

② 联轴器的型号、孔径范围、孔宽和装拆尺寸要求。

③ 传动零件的中心距、分度圆直径、齿顶圆直径以及轮齿的宽度。

④ 滚动轴承的类型。

⑤ 箱体的结构方案（剖分式或整体式）。

⑥ 所推荐箱体结构的有关尺寸。

画装配图时，应选好比例，布置好图面位置。画草图的比例应与正式图的比例相同，并优先选用 1：1 的比例，以便于绘图并有真实感。一般装配图的三视图、预留明细栏和技术要求等的位置如图 5-1 所示。

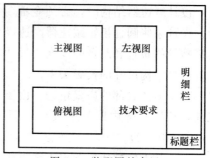

图 5-1 装配图的布置

第二节 装配图设计的第一阶段

这一阶段主要进行轴的结构设计，确定轴承的型号和位置，找出轴承支点和轴组件上作用力的作用点，从而对轴和轴承进行验算。

画图时由箱内的传动件画起，由内向外画，内外兼顾。三视图中以俯视图为主，兼顾主视图。

一、确定各传动件的轮廓及其相对位置

首先画箱内传动件的中心线、齿顶圆（或蜗轮外圆）、节圆、齿根圆、轮缘及轮毂宽等轮廓尺寸。

要注意各零件间的相互位置和间隙。如设计二级齿轮减速器时，应注意一轴上齿轮的齿顶不能与另一轴表面相碰，而两级齿轮端面的间距 c 要大于 $2m$（m 为齿轮模数），并大于 8mm，如图 5-2 所示。

二、箱体内壁位置的确定

箱体内壁与传动件间应留有一定的间距，如齿轮的齿顶圆至箱体内壁间应留有间隙 Δ_1，齿轮端面至箱体内壁间应留有间隙 Δ_2（图 5-2），Δ_1、Δ_2 的值见表 4-1。

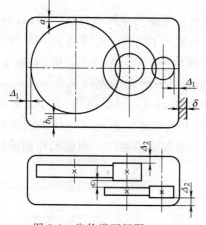

图 5-2 齿轮端面间距（一）

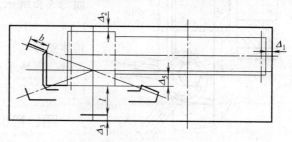

图 5-3 齿轮端面间距（二）

设计减速器结构时，必须全面考虑箱体内传动件的尺寸和箱体各部位的结构关系。例如，设计某些圆柱齿轮减速器高速级小齿轮处的箱体形状和尺寸时，要考虑到轴承处上下箱连接螺栓的布置和凸台的高度及尺寸，由此确定箱体内外壁的位置。可同时画两个视图，注意各部位结构尺寸的投影关系。

对于箱体底部的内壁位置，由于考虑齿轮润滑及冷却，需要一定的装油量，并使脏物能沉淀，箱体底部内壁与最大齿轮顶圆的距离 b_0 应大于 8～12 倍模数，并应不小于 30～50mm（图 5-2）。

对于锥齿轮减速器，由于锥齿轮的轮毂宽度常大于齿轮的宽度，为避免干涉，应使箱体内壁与轮毂端面之间的间距 $\Delta_3 = (0.3～0.6)\delta$，$\Delta_2 = \Delta_3$（图 5-3），$\delta$ 为箱座壁厚。

由于蜗杆减速器箱体内壁之间的距离由蜗杆轴组件的结构尺寸确定，所以其箱体内壁与蜗轮轮毂的端面之间一般离得较远。

图 5-4 及图 5-5 所示分别为这一阶段所绘制的一级圆柱齿轮减速器及蜗杆减速器的装置草图。

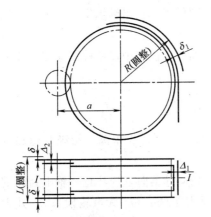

图 5-4　一级圆柱齿轮减速器装配草图（一）

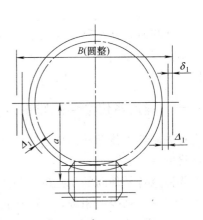

图 5-5　蜗杆减速器装配草图（一）

三、轴承座端面位置的确定

为了增加轴承的刚性，轴承旁的螺栓应尽量靠近轴承。

轴承座端面的位置由箱体的结构确定。当采用剖分式箱体时，轴承座的宽度 L 由轴承盖、箱座连接螺栓的大小确定，即由考虑螺栓扳手空间后的 C_1 和 C_2 确定，如图 5-6 所示。一般要求轴承座的宽度 $L \geqslant \delta + C_1 + C_2 + (5～10)\text{mm}$，其中 C_1、C_2 可由表 4-2 查出，δ 为箱体壁厚，5～10mm 为轴承座端面凸出箱体外表面的尺寸，以便于进行轴承座端面的加工。两轴承座端面间的距离应进行圆整。

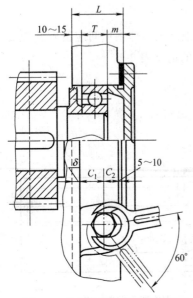

图 5-6　轴承座端面位置的确定

四、初步计算轴径

按纯力矩受力状态初步估算轴径，计算时应降低许用力转切应力来确定轴端最小直径 $d_{\min}$。具体计算方法参见主教材有关章节。

若轴上开有键槽，计算出的轴径应增大 5%，并尽量圆整为标准值。若轴与联轴器连接，则轴径应与联轴器孔径一致。

五、轴的结构设计

确定各轴段的长度和直径。

1. 确定轴的径向尺寸

确定轴的径向尺寸时，应考虑轴上零件的定位和固定、加工工艺和装拆等的要求。一般常把轴制成中部大两端小的阶梯形结构，其径向尺寸的变化应考虑以下因素（图5-7）。

① 定位轴肩的尺寸。如图 5-7 中直径 d_3 和 d_4、d_7 和 d_8 的变化处，轴肩高度 h 应比零件孔的倒角 C 或圆角半径 r 大 2~3mm，轴肩的圆角半径 r 应小于零件孔的倒角 C 或圆角半径 r'。装滚动轴承的定位轴肩尺寸应查轴承标准中的有关安装尺寸。

② 非定位轴肩的尺寸。如图 5-7 中直径 d_5 和 d_6、d_6 和 d_7 的变化处，其直径变化量较小，一般可取 0.5~3mm。

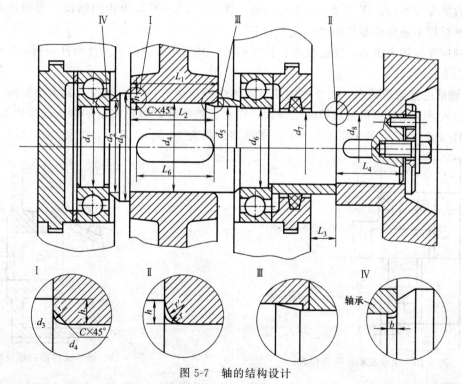

图 5-7　轴的结构设计

③ 有配合处的轴径。为便于装配及减小应力集中，有配合的轴段直径变化处常做成引导，如图 5-7 中的Ⅲ所示。

④ 轴颈尺寸。初选滚动轴承的类型及尺寸，则与之相配合的轴颈尺寸即被确定下来。同一轴上要尽量选择同一型号的轴承。

⑤ 加工工艺要求。当轴段需磨削时，应在相应轴段留出砂轮越程槽；当轴段需切制螺纹时，应留出螺纹退刀槽。

⑥ 与轴上零件相配合的轴段直径应尽量取标准直径系列值。

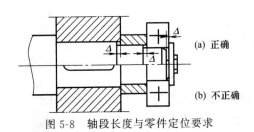

图 5-8   轴段长度与零件定位要求

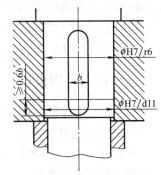

图 5-9   轴段配合长度与零件定位要求

2. 确定轴的轴向尺寸

轴的轴向尺寸决定了轴上零件的轴向位置，确定轴向尺寸时应考虑以下几点：

① 保证传动件在轴上固定可靠。为使传动件在轴上的固定可靠，应使轮毂的宽度大于与之配合轴段的长度，以使其他零件顶住轮毂，而不是顶在轴肩上，如图 5-8（a）所示。一般取轮毂宽度与轴段长度之差 $\Delta = 1 \sim 2mm$。图 5-8（b）所示为错误结构，当制造有误差时，这种结构不能保证零件的轴向固定及定位。

当周向连接用平键时，键应较配合长度稍短，并应布置在向装入传动件一侧，以便于装配，如图 5-9 所示。

② 轴承的位置应适当。轴承的内侧至箱体内壁应留有一定的间距，其大小取决于轴承的润滑方式。采用脂润滑时所留间距较大，以便放挡油环，防止润滑油溅入而带走润滑脂，如图 5-10（a）所示；若采用油润滑，一般所留间距为 $3 \sim 5mm$ 即可，如图 5-10（b）所示。

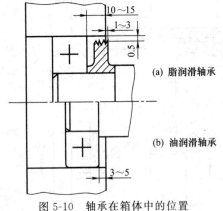

图 5-10   轴承在箱体中的位置

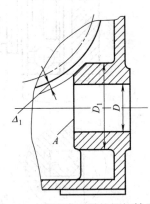

图 5-11   蜗杆减速器的蜗杆轴承座

为了提高轴的强度和刚度，应尽量缩短轴承与传动件间的距离，如图 5-11 所示，设计蜗杆轴组件结构时，应缩小轴上支点的跨距，蜗杆轴承座通常伸到箱体的内部以提高蜗杆的刚度。还要注意蜗杆轴承座与蜗轮外圆应保持间距 Δ_1，轴承座外圆应倒角，如图 5-12 所示，设计锥齿轮轴组件结构时，小锥齿轮往往为悬伸布置，为使轴的刚度较好，一般取两轴承支点跨距 $l_1 = (2 \sim 3)l_2$，且 l_1 不宜太小。

③ 应便于零件的装拆。当轴上零件彼此靠得很近时，如图 5-13（a）所示的 C 很小时，不利于零件的拆卸，需

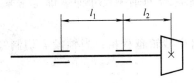

图 5-12   小锥齿轮轴组件的支点

要适当增加有关轴段的轴向尺寸，如图 5-13（b）所示，将轴段长度 l 增加到 l'。

轴伸出箱体外的长度与箱外零件及固定端盖螺钉的装拆有关。如果轴伸出箱体外的长度过小，端盖螺钉和箱外传动件的装拆均不方便，如图 5-14 所示，轴承端盖至箱外传动件间的距离 L' 应大于 15～20mm。

图 5-15、图 5-16 所示为装配图设计第一阶段的装配草图，主要绘制轴的结构，为轴、轴承的校核准备数据。

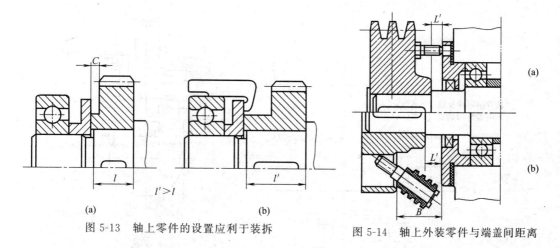

图 5-13 轴上零件的设置应利于装拆

图 5-14 轴上外装零件与端盖间距离

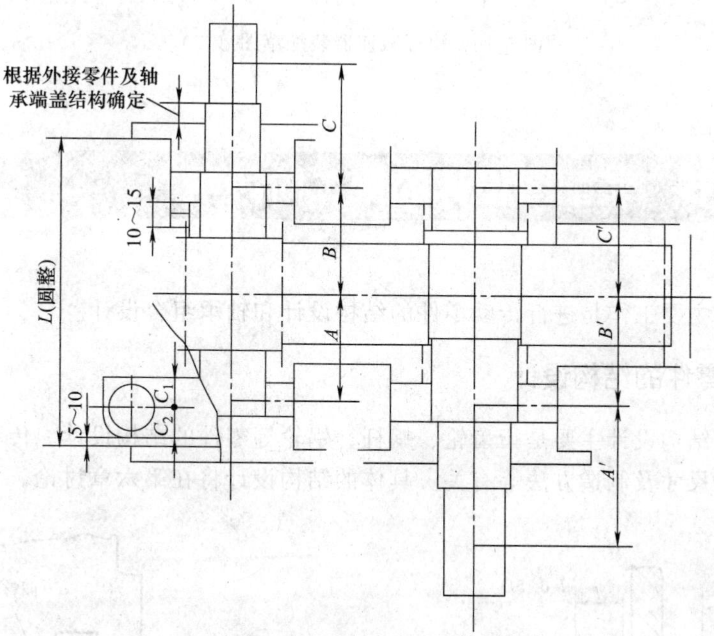

图 5-15 一级圆柱齿轮减速器装配草图（二）

六、校核轴、轴承和键

轴上力的作用点及支点跨距可从装配草图上确定。传动件力的作用线位置可取在轮缘宽度中部，滚动轴承支反力作用点可近似认为在轴承宽度的中部。

力的作用点及支点跨距确定后，便可求出轴所受的弯矩和力矩。选定 1～2 个危险截面，按弯扭合成的受力状态对轴进行强度校核，如果强度不够或强度裕度过大则需修改轴的尺寸。

对滚动轴承应进行寿命计算。轴承寿命可按减速器的使用寿命或检修期计算，如不满足使用寿命要求，则需改变轴承的型号后再进行计算。

对键连接也应进行强度校核。

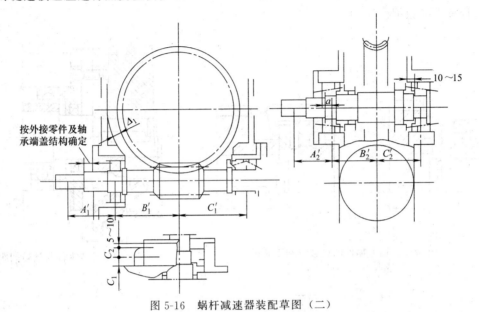

图 5-16　蜗杆减速器装配草图（二）

第三节　装配图设计的第二阶段 «««

这一阶段的主要工作是进行传动零件的结构设计和轴承组合设计。

一、传动零件的结构设计

传动零件的结构设计主要是指齿轮、蜗杆、蜗轮等零件的结构设计。传动零件的结构与所选材料、毛坯尺寸及制造方法等有关。具体的结构设计将在第六章讨论。

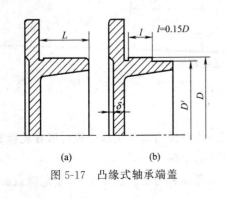

（a）　　　　（b）

图 5-17　凸缘式轴承端盖

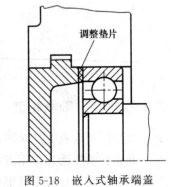

图 5-18　嵌入式轴承端盖

二、轴承组合设计

轴承组合设计主要是正确地解决轴承的轴向位置固定、轴组件的轴向固定、轴承的调整和装拆等。从绘制装配图的角度来重点讨论轴承端盖结构、轴组件的轴向固定和调整等。

1. 轴承端盖结构

轴承端盖是用来固定轴承的位置、调整轴承间隙并承受轴向力的，轴承端盖的结构形式有凸缘式（图 5-17）和嵌入式（图 5-18）两种。

凸缘式轴承端盖的密封性能好，调整轴承间隙方便，因此使用较多。这种端盖大多采用铸铁件，设计制造时要考虑铸造工艺性，尽量使整个端盖的厚度均匀。当端盖较宽时，为减少加工量，可对端部进行加工，使其直径 $D' < D$，但端盖与箱体的配合段必须保留有足够的长度 l，否则拧紧螺钉时容易使端盖歪斜，一般取 $l = (0.1 \sim 0.15)D$，如图 5-17（b）所示。

嵌入式轴承端盖结构简单、密封性能差，一般在端盖与机体间放置 O 形密封圈，如图 5-19（a）所示，调整间隙不方便，只适用于深沟球轴承（不用调整间隙）。如用于角接触轴承，应增加调整螺钉，如图 5-19（b）所示。

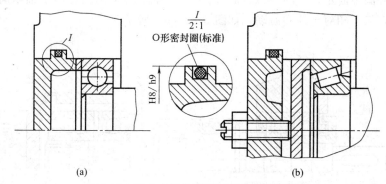

图 5-19　嵌入式端盖的密封及轴承间隙调整

轴承端盖各部分尺寸见表 4-5。

2. 轴组件的轴向固定和调整

（1）两端固定　这种固定方式在轴承支点跨距小于 300mm 的减速器中用得最多，如图 5-20 所示。在轴承盖与轴承间应留有适量的间隙 a，一般取 $a \approx 0.25 \sim 0.4$mm，间隙量是靠调整垫片来控制的。

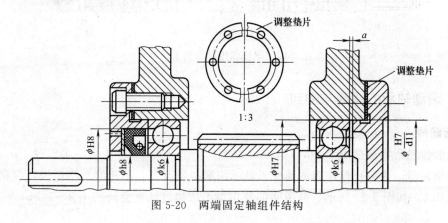

图 5-20　两端固定轴组件结构

对于角接触向心轴承，可通过调整轴承外圈的轴向位置得到适当的轴承游隙，如图5-21所示。

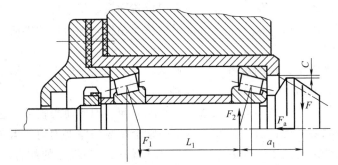

图 5-21　采用角接触向心轴承组件的两端固定结构

（2）一端固定、一端游动　当轴上两轴承支点跨距大于300mm时，采用一端固定、一端游动的支承结构。图5-22所示为蜗杆轴组件结构图，固定端轴承组合的内外圈两侧均被固定，以承受双向轴向力。当固定端采用一对角接触轴承、游动端采用深沟球轴承时，内圈需双向固定，外圈不固定，如图5-22（a）所示；当游动端采用圆柱滚子轴承时，内、外圈两侧均需固定，滚子相对于外圈游动，如图5-22（b）所示。

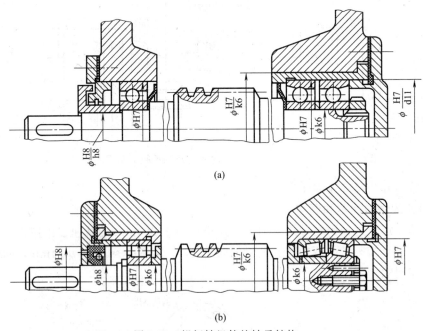

(a)

(b)

图 5-22　蜗杆轴组件的轴承结构

三、滚动轴承的润滑与密封

1. 脂润滑

当浸油齿轮圆周速度小于2m/s或$dn \leqslant 2 \times 10^5$ mm·r/min（d 为轴承内径，n 为转速）时，宜用脂润滑。为防止箱体内的油浸入轴承与润滑脂混合，防止润滑脂流失，应在箱体内侧装挡油环1，如图5-23所示。润滑脂的装填量不应超过轴承空间的1/3～1/2。

2. 油润滑

当浸油齿轮的圆周速度大于 2m/s 或 $dn > 2 \times 10^5$ mm·r/min 时，宜采用油润滑。油润滑通常有以下几种方式。

（1）飞溅润滑　传动件的转动带起润滑油直接溅入轴承内，或先溅到箱壁上，顺着内壁流入箱体的油沟中，再沿油沟流入轴承内，油沟的具体结构如图 5-41 所

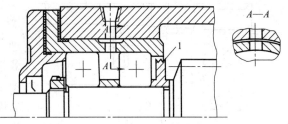

图 5-23　脂润滑轴承的注轴孔与挡油环

示。此时端盖端部必须开槽，并将端盖端部的直径取小些，以免油路堵塞，如图 5-24 所示。

当传动件直径较小，或者传动件是斜齿轮或蜗杆（斜齿轮具有沿齿轮轴向排油的作用）时，会使过多的润滑油冲向轴承而增加轴承的阻力，这种情况下应在轴承前装置挡油板，如图 5-25 所示。

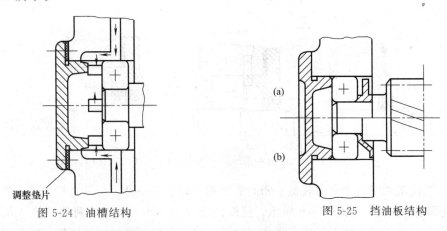

图 5-24　油槽结构

图 5-25　挡油板结构

（2）浸油润滑　将轴承直接浸入箱内油中进行润滑。这种润滑方式常用于下置式蜗杆减速器中蜗杆轴承的润滑，油面高度不应超过轴承最低滚动体的中心，以免加大搅油损失。若传动件直径小于轴承滚动体中心分布圆直径时，可在轴上装设溅油轮并使其浸入油中，传动件不接触油面而靠溅油润滑，轴承仍为浸油润滑，如图 5-26 所示。

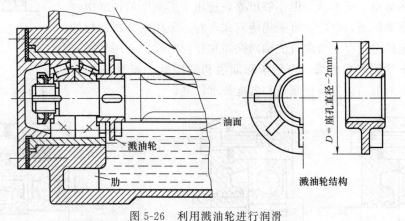

图 5-26　利用溅油轮进行润滑

（3）刮油润滑　当传动件圆周速度很低（$v < 2$m/s）时，可利用装在箱体内的刮油板刮油润滑轴承，刮油板和传动件之间应留 0.1～0.5mm 的间隙，如图 5-27 所示。

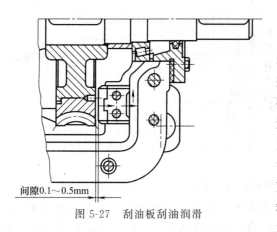

间隙0.1～0.5mm

图 5-27 刮油板刮油润滑

3. 密封

轴伸端密封方式有接触式和非接触式两种。橡胶油封是接触式密封中的一种，密封效果较好。橡胶油封中常用的密封件有 V 形橡胶油封、U 形橡胶油封、Y 形橡胶油封、L 形橡胶油封和 J 形橡胶油封等几种。其中较为常用的是 J 形橡胶油封，可用于脂润滑和油润滑的轴承中。安装时应注意油封的安装方向，当以防漏油为主时，油封的唇边对着箱内 [图 5-28 （a）]；当以防外界灰尘、杂质为主时，唇边对着箱外 [图 5-28 （b）]；当两油封相背放置时 [图 5-28 （c）]，防漏防尘效果都好。为使油封安装方便，轴上可做出斜角 [图 5-28 （a）]。

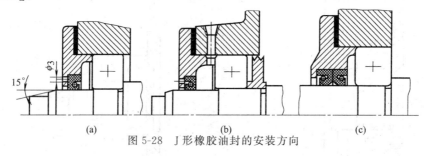

(a)   (b)   (c)

图 5-28 J 形橡胶油封的安装方向

毡圈密封是接触式密封中寿命较低、密封效果相对较差的一种，但其结构简单、价格低廉，适用于脂润滑轴承中，如图 5-29 所示。毡圈的剖面为矩形，工作时将毡圈嵌入剖面为梯形的环形槽中，并压紧在轴上，以获得密封效果。毡圈密封的接触面易磨损，一般用于圆周速度小于 4～5m/s 的场合。

为避免磨损可采用非接触式密封，隙缝密封是其中常用的一种，如图 5-30 所示。它是利用充满润滑脂的环形间隙来达到密封效果的。隙缝密封结构简单、成本低，但不够可靠，适用于脂润滑的轴承中。

若要求更高的密封性能，可采用迷宫式密封。采用迷宫式密封的转动件和固定件之间存在着曲折的轴向间隙和径向间隙，利用其间充满的润滑脂来达到密封效果，可用于脂润滑和油润滑，如图 5-31 所示。迷宫式密封的结构复杂，制造和装配要求较高。

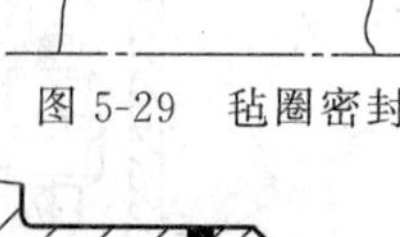

图 5-29 毡圈密封

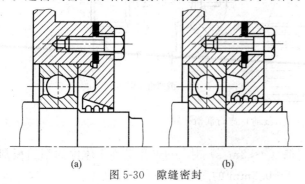

(a)   (b)

图 5-30 隙缝密封

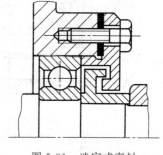

图 5-31 迷宫式密封

选择密封方式时要考虑轴的圆周速度、润滑剂种类、环境条件和工作温度等，表 5-1 列出了几种密封装置适用的条件。

表 5-1　几种密封装置的适用条件

密封方式	毡圈密封	橡胶油封	油沟密封	迷宫式密封
适用的轴表面圆周速度/(m/s)	<3～5	<8	<5	<30
适用的工作温度/℃	<90	－40～100	低于润滑脂融化温度	

在滚动轴承组合设计完成以后，应检查以前所画装配草图中轴承座孔的宽度是否足够，必要时应加宽。图 5-32 及图 5-33 所示分别为轴组件结构设计阶段所绘制的一级圆柱齿轮减速器及蜗杆减速器的装配草图。

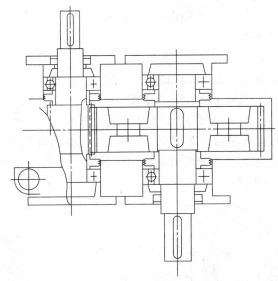

图 5-32　一级圆柱齿轮减速器装配草图（三）

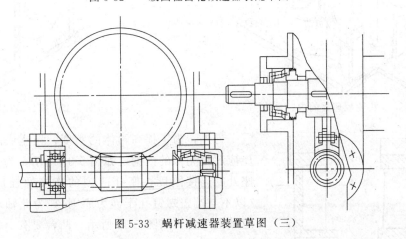

图 5-33　蜗杆减速器装置草图（三）

 第四节　装配图设计的第三阶段 ◀◀◀

这一阶段的主要工作是进行减速器箱体及其附件的设计。

一、减速器箱体的结构设计

减速器箱体起着支承和固定轴组件零件，保证传动件的啮合精度和良好润滑以及轴组件的可靠密封等重要作用，其质量约占减速器总质量的 30%～50%。设计箱体结构时必须综合考虑传动质量、加工工艺及成本等因素。

减速器箱体可以采用铸造或焊接的方法制造，其中铸造箱体的应用比较广泛。

减速器箱体可以采用剖分式结构或整体式结构。剖分式结构安装方便，因此被广泛采用。采用剖分式结构时，应使剖分面通过轴心线。蜗杆减速器有时采用整体式结构以提高孔的加工精度，但其安装较为不便。

进行减速器箱体的结构设计时应考虑以下几方面的问题。

1. 箱体要具有足够的刚度

若箱体的刚度不够，在加工和使用过程中会引起变形，使轴承孔中心线过度偏斜而影响传动件的运动精度。设计箱体时首先要保证轴承座的刚度，使轴承座有足够的壁厚，并在轴承座上加支撑肋（图 4-1）。当轴承座采用剖分式结构时还要保证其连接刚度。

箱体的支撑肋有外肋（图 4-1）和内肋（图 5-34、图 5-35）两种结构形式。内肋的刚度大，箱体外表光滑美观，但内肋阻碍润滑油的流动，工艺也比较复杂，所以一般多采用外肋结构。当轴承座伸到箱体内部时常采用内肋，如蜗杆减速器的蜗杆轴承座结构（图 5-35）。肋板的形状和尺寸如图 5-36 所示。

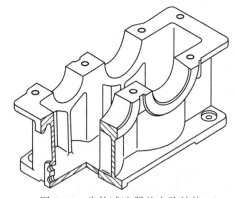

图 5-34　齿轮减速器的内肋结构

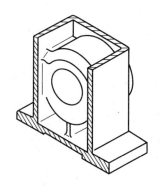

图 5-35　蜗杆减速器的内肋

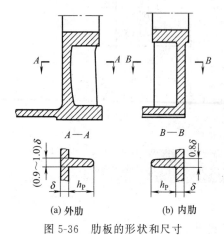

图 5-36　肋板的形状和尺寸

另外，为了提高箱体的刚度，箱座底凸缘的宽度 B 应超过箱体的内壁，如图 5-37 所示。为了提高轴承座处的连接刚度，座孔两侧的连接螺栓应尽量靠近（以不与端盖螺钉孔干涉为原则），为此轴承座孔附近应做出凸台，如图 5-38 所示。凸台要有一定的高度以留出足够的扳手空间，但高度不应超过轴承座孔的外圆，凸台的投影关系如图 5-39 所示。

目前，为了提高箱体的刚性，方形外廓减速器箱体的结构形式日益得到广泛应用。如图 5-40 所示，这种结构采用内肋，增强了轴承座的刚度，连接结构采用便于拆装的双头螺柱或螺钉（如内六角螺钉），箱座不用底凸缘，而且将底座下部四角凹进一些以放置地脚螺栓，使箱体结构更加紧凑，造型也更为美观。

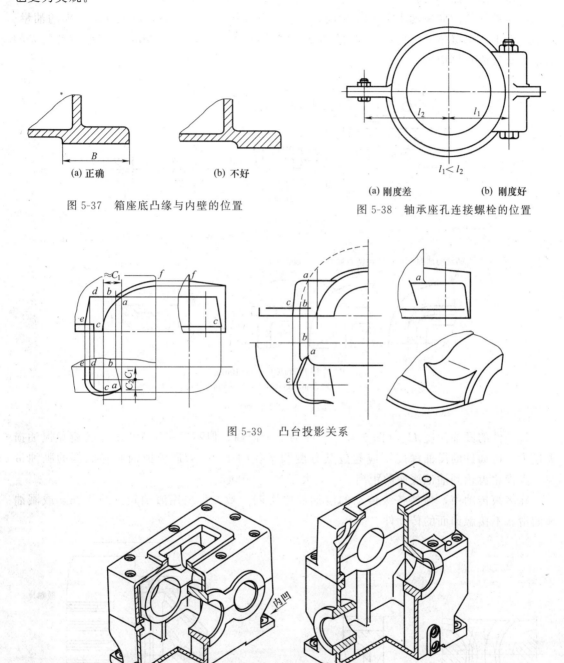

图 5-37 箱座底凸缘与内壁的位置

图 5-38 轴承座孔连接螺栓的位置

图 5-39 凸台投影关系

图 5-40 方形外廓减速器箱体结构

2. 箱体应有可靠的密封且便于传动件的润滑和散热

为保证密封，箱体剖分面处的连接凸缘应有足够的宽度，连接螺栓的间距也不应过大（小于 $150\sim200\text{mm}$），以保证足够的压紧力。为了保证轴承座孔的精度，剖分面间不得加垫片。为提高密封性，可在剖分面上制出回油沟，使渗出的油可沿油沟的斜槽流回箱内，如图

5-41 所示。根据加工方法的不同油沟有不同的形状，如图 5-42 所示。为提高密封性有时也允许在剖分面间涂密封胶。

当传动件的圆周速度小于 12m/s 时，传动件常采用浸油润滑，且应该保证足够的油量。一般情况下，单级传动每传递 1kW 的功率，需油量 $Q_0 = 0.35 \sim 0.7 \text{dm}^3$，多级传动所需的油量按级数成比例增加。

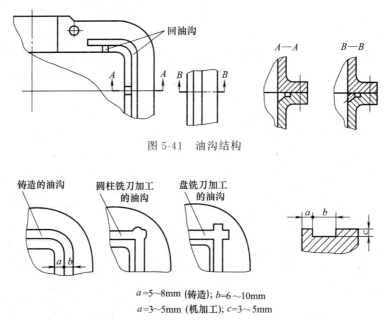

图 5-41　油沟结构

$a = 5 \sim 8\text{mm}$ (铸造); $b = 6 \sim 10\text{mm}$
$a = 3 \sim 5\text{mm}$ (机加工); $c = 3 \sim 5\text{mm}$

图 5-42　油沟形状及尺寸

传动件的浸油深度 H_1（图 5-43）一般为 1 个齿高，但不应小于 10mm。为避免搅油损失过大，传动件的浸油深度不应超过其分度圆半径的 1/3。为避免搅油时将底部的脏油带起，大齿轮齿顶到油池底面的距离 H_2 应大于 30～50mm。

在多级传动中，为使各级传动的浸油深度协调一致，可采用溅油轮（图 5-26）或溅油环润滑，不接触油面的传动件。

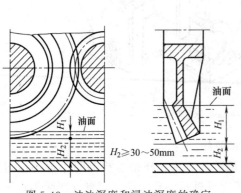

图 5-43　油池深度和浸油深度的确定

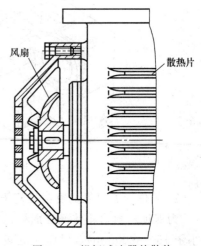

图 5-44　蜗杆减速器的散热

由于蜗杆减速器工作时发热量较大，其箱体的大小应考虑散热面积的需要，并要进行热平衡计算。若不能满足热平衡要求，则应适当增大箱体的尺寸或增设散热片和风扇，如图5-44 所示，散热片的方向应与空气的流动方向一致。发热严重时还可在油池中设置蛇形冷却水管，以降低油温。

3. 箱体结构要有良好的工艺性

箱体结构工艺性的好坏对于提高加工精度和装配质量，提高生产效率以及便于检修维护等方面有很大影响，主要应考虑以下两方面的问题。

（1）铸造工艺的要求　在设计铸造箱体时应考虑箱体的铸造工艺特点，力求壁厚均匀、过渡平缓、不要出现局部金属积聚。铸件的箱壁不可太薄，砂型铸造圆角半径可取 $r \geqslant 5\text{mm}$。

铸造箱体的外形应简单，以使拔模方便。铸件沿拔模方向应有 1∶20～1∶10 的拔模斜度，应尽量减少沿拔模方向的凸起结构，以利于拔模。箱体上应尽量避免出现狭缝，以免砂型强度不够，在浇铸和取模时易形成废品。图 5-45（a）中两凸台距离太小而形成狭缝，应将凸台连在一起，如图 5-45（b）所示。

（2）机械加工工艺性的要求　设计箱体的结构形状时，应尽量减少机械加工的面积。在图 5-46 所示的箱座底面结构中，图 5-46（b）为较好的结构，便于箱体找正，小型箱体则多采用图 5-46（c）所示的结构。

设计时应尽量减少工件和刀具的调整次数。例如同一轴心线上两轴承座孔的直径应尽量一致，以便于镗孔并保证镗孔精度。同一方向上的平面应尽量能一次调整、加工完成。各轴承座端面应在同一平面上。

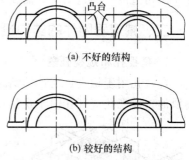

(a) 不好的结构

(b) 较好的结构

图 5-45　避免有狭缝的铸件结构

箱体上的加工面与非加工面必须严格分开。例如，箱体的轴承座端面需要加工，因而应该凸出，如图 5-47（b）所示，图 5-47（a）为不合理结构。另外，窥视孔盖、通气器、油标和油塞等的接合面处，与螺栓头部或螺母接触处都应做出凸台（凸起高度 $h = 3～5\text{mm}$）。也可将与螺栓头部或螺母接触处锪出沉头座坑（图 5-48），其中图 5-48（b）、图 5-48（d）为凸台加工，图 5-48（a）、图 5-48（c）为沉头座坑加工。

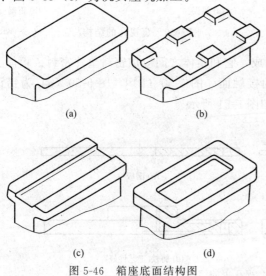

(a)

(b)

(c)

(d)

图 5-46　箱座底面结构图

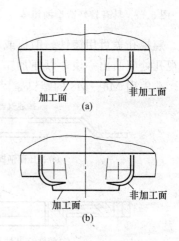

加工面　　非加工面

(a)

非加工面

加工面

(b)

图 5-47　加工面与非加工面应分开

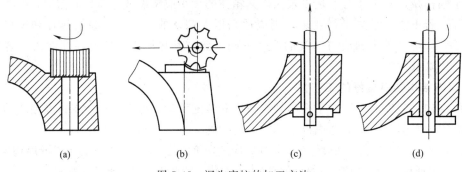

(a)　　　　　　(b)　　　　　　(c)　　　　　　(d)

图 5-48　沉头座坑的加工方法

4. 箱体形状应力求匀称、美观

箱体的外形应简洁、整齐，尽量减少外凸形体。例如，将箱体剖分面的凸缘、轴承座凸台伸到箱体内壁，并设内肋，可以提高箱体的刚性，使其外形整齐、协调。又如，采用"方形小圆角过渡"的造型比"曲线大圆角过渡"更美观。图 5-49 所示即是造型较好的箱体。

二、减速器附件的结构设计

1. 窥视孔和窥视孔盖

窥视孔用于检查传动件的啮合情况、润滑状态、接触斑点及齿侧间隙等，还可用于注入润滑油。窥视孔应开在便于观察传动件啮合区的位置，尺寸大小以便于观察为宜。

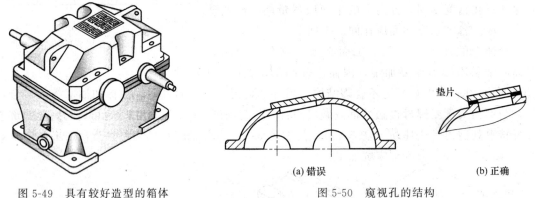

（a）错误　　　　　　（b）正确

图 5-49　具有较好造型的箱体　　　　　图 5-50　窥视孔的结构

窥视孔盖可用铸铁、钢板或有机玻璃制成，它和箱体之间应加密封垫片密封。箱体上开窥视孔处应凸出一块，以便加工出与孔盖的接触面［图 5-50（b）］，图 5-50（a）为错误结构。孔盖用 M6～M8 的螺钉紧固，其结构如图 5-51 所示。

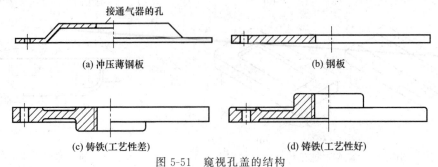

接通气器的孔

（a）冲压薄钢板　　　　　　　　（b）钢板

（c）铸铁（工艺性差）　　　　　　（d）铸铁（工艺性好）

图 5-51　窥视孔盖的结构

2. 放油螺塞

放油孔应设在箱座底面的最低处，常将箱体的内底面设计成向放油孔方向倾斜 1°~1.5°，并在其附近做出一小凹坑，以便攻螺纹及油污的汇集和排放。图 5-52（a）的工艺性较好，图 5-52（b）未开凹坑，加工工艺性差。

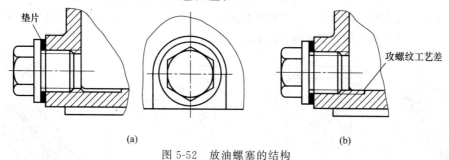

（a）   （b）

图 5-52　放油螺塞的结构

外六角螺塞、纸封油圈和皮封油圈的尺寸见表 5-2。

表 5-2　**外六角螺塞**（JB/T 1700—2008）、**纸封油圈**（ZB 71—1962）和**皮封油圈**（ZB 70—1962）

单位：mm

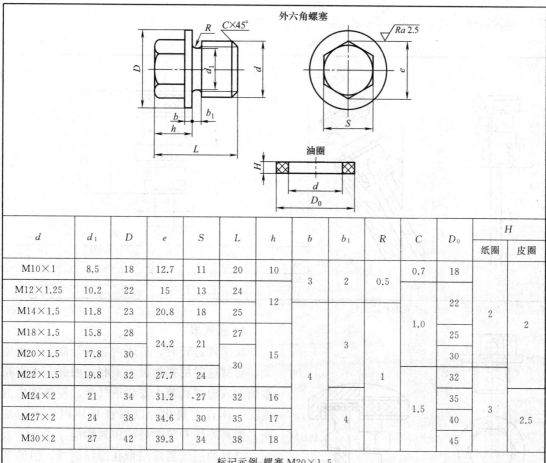

d	d_1	D	e	S	L	h	b	b_1	R	C	D_0	H 纸圈	H 皮圈
M10×1	8.5	18	12.7	11	20	10	3	2	0.5	0.7	18	2	2
M12×1.25	10.2	22	15	13	24	12	3	2	0.5	1.0	22	2	2
M14×1.5	11.8	23	20.8	18	25	12	3	2	0.5	1.0	22	2	2
M18×1.5	15.8	28	24.2	21	27	15	3	3	0.5	1.0	25	2	2
M20×1.5	17.8	30	24.2	21	30	15	3	3	0.5	1.0	30	2	2
M22×1.5	19.8	32	27.7	24	30	15	4	1	1	1.0	32	2	2
M24×2	21	34	31.2	27	32	16	4	4	1	1.5	35	3	2.5
M27×2	24	38	34.6	30	35	17	4	4	1	1.5	40	3	2.5
M30×2	27	42	39.3	34	38	18	4	4	1	1.5	45	3	2.5

标记示例：螺塞 M20×1.5

油圈 30×20 ZB 71（D_0—30mm，d—20mm 的纸封油圈）

油圈 30×20 ZB 70（D_0—30mm，d—20mm 的皮封油圈）

材料：纸封油圈——石棉橡胶纸；皮封油圈——工业用革；螺塞——Q235

3. 油标

油标用来指示油面高度，应设置在便于检查及油面较稳定之处（如低速级传动件附近）。

常用的油标有圆形油标、长形油标、管状油标和杆式油标等。一般多用带有螺纹的杆式油标（图 5-53）。采用杆式油标时，应使箱座油标座孔的倾斜位置便于加工和使用，如图 5-54 所示。油标安置的部位不能太低，以防油进入油标座孔而溢出。油标上的油面刻度线应按传动件的浸油深度确定。为避免因油的搅动而影响检查效果，可在标尺外装隔套，如图 5-55 所示。

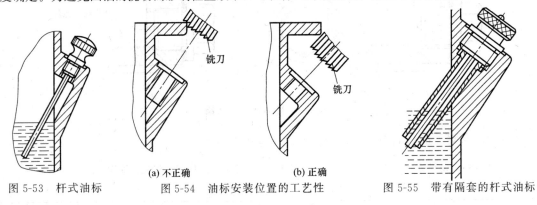

图 5-53 杆式油标　　图 5-54 油标安装位置的工艺性　　图 5-55 带有隔套的杆式油标

（a) 不正确　　　　（b) 正确

各种油标的尺寸见表 5-3～表 5-6。

表 5-3　杆式油标　　　　　　　　　　　　　　　　单位：mm

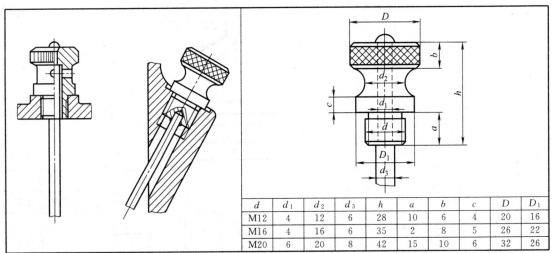

d	d_1	d_2	d_3	h	a	b	c	D	D_1
M12	4	12	6	28	10	6	4	20	16
M16	4	16	6	35	2	8	5	26	22
M20	6	20	8	42	15	10	6	32	26

注：表中左图为具有通气孔的杆式油标。

4. 通气器

减速器运转时，箱体内温度升高、气压增大，对减速器的密封极为不利。因此，多在箱盖顶部或窥视孔盖上安装通气器，使箱体内的热胀气体自由逸出，以保证箱体内外压力均衡，提高箱体有缝隙处的密封性能。

简易的通气器常用带孔螺钉制成，但通气孔不能直通顶端，以免灰尘进入，如图 5-56（a）所示，这种通气器用于比较清洁的场合。

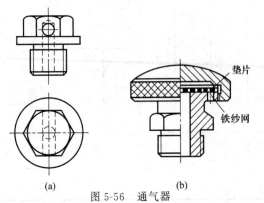

（a）　　　　　（b）

图 5-56 通气器

垫片

铁纱网

较完善的通气器内部做成各种曲路，并有金属网，以减少灰尘随空气吸入箱体，如图 5-56（b）所示。

通气器的结构形式和尺寸如表 4-4 所列。

表 5-4　管状油标（JB/T 7941.4—1995）　　　　　　　　单位：mm

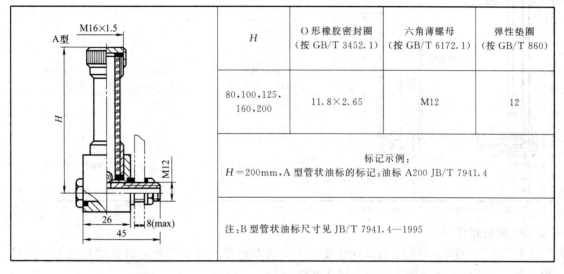

H	O 形橡胶密封圈 （按 GB/T 3452.1）	六角薄螺母 （按 GB/T 6172.1）	弹性垫圈 （按 GB/T 860）
80,100,125, 160,200	11.8×2.65	M12	12

标记示例：
H＝200mm，A 型管状油标的标记：油标 A200 JB/T 7941.4

注：B 型管状油标尺寸见 JB/T 7941.4—1995

表 5-5　压配式圆形油标（JB/T 7941.1—1995）　　　　　　单位：mm

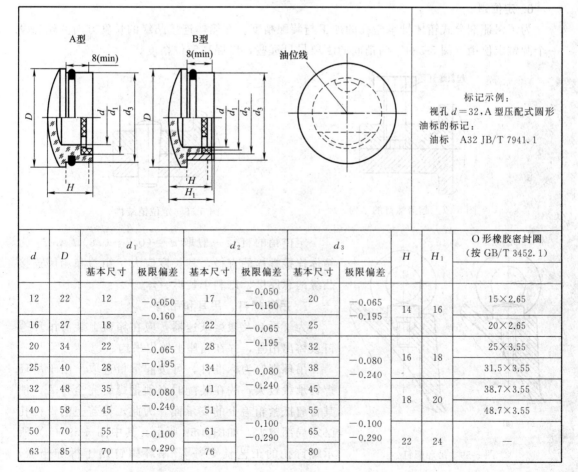

标记示例：
视孔 d＝32，A 型压配式圆形油标的标记：
油标　A32 JB/T 7941.1

d	D	d_1		d_2		d_3		H	H_1	O 形橡胶密封圈 （按 GB/T 3452.1）
		基本尺寸	极限偏差	基本尺寸	极限偏差	基本尺寸	极限偏差			
12	22	12	−0.050 −0.160	17	−0.050 −0.160	20	−0.065 −0.195	14	16	15×2.65
16	27	18		22	−0.065 −0.195	25				20×2.65
20	34	22	−0.065 −0.195	28		32		16	18	25×3.55
25	40	28		34	−0.080 −0.240	38	−0.080 −0.240			31.5×3.55
32	48	35	−0.080 −0.240	41		45		18	20	38.7×3.55
40	58	45		51		55				48.7×3.55
50	70	55	−0.100 −0.290	61	−0.100 −0.290	65	−0.100 −0.290	22	24	—
63	85	70		76		80				

表 5-6　长形油标（JB/T 7941.3—1995）　　　　　单位：mm

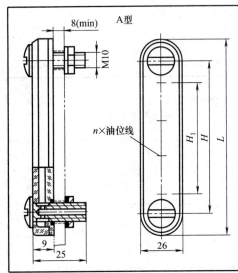

	H		H_1	L	n（条数）
	基本尺寸	极限偏差			
	80	±0.17	40	110	2
	100		60	130	3
	125	±0.20	80	155	4
	160		120	190	6
	O 形橡胶密封圈（按 GB/T 3452.1）		六角薄螺母（按 GB/T 6172.1）	弹簧垫圈（按 GB/T 860）	
	10×2.65		M10	10	

标记示例：

H＝80mm，A 型长形油标的标记：油标　A80 JB/T 7941.3

注：B 型长形油标见 JB/T 7941.3—1995。

5. 起盖螺钉

起盖螺钉（图 5-57）上的螺纹长度要大于箱盖连接凸缘的厚度，钉杆端部要做成圆柱形，加工成大倒角或半圆形，以免顶坏螺纹。

6. 定位销

为了保证剖分式箱体轴承座孔的加工与装配精度，在箱体连接凸缘的长度方向两端各设一个圆锥定位销（图 5-58）。两销间的距离尽量远些，以提高定位精度。

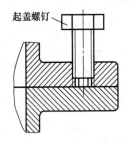

图 5-57　起盖螺钉的结构

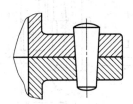

图 5-58　定位销结构

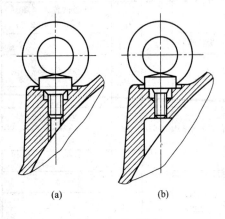

(a)　　　　(b)

图 5-59　吊环螺钉

定位销的直径一般取 $d＝(0.7～0.8)d_2$，d_2 为箱体连接螺栓的直径，其长度应大于箱盖和箱座连接凸缘的总厚度，以利于装拆。

7. 吊环螺钉、吊耳和吊钩

为了拆卸及搬运减速器，应在箱盖上装有吊环螺钉或铸出吊耳，并在箱座上铸出吊钩。

吊环螺钉为标准件，可按起重量选取。由于吊环螺钉承载较大，故在装配时必须把螺钉完全拧入，使其台肩抵紧箱盖上的支承面。为此，箱盖上的螺钉孔必须局部锪大，如图 5-59 所示［其中图 5-59（b）所示螺钉孔的工艺性更好］。吊环螺钉用于拆卸箱盖，也允许用来吊运轻型减速器。

　　比较简便的加工方法是在箱盖上直接铸出吊耳或吊耳环，箱座两端也铸出吊钩，用以起吊或搬运整个箱体。吊钩和吊耳的尺寸可查表 4-3，也可根据具体情况加以修改。

　　箱体及其附件的设计完成后，减速器的装配草图就已画好。图 5-60、图 5-61 分别为这一阶段设计的一级圆柱齿轮减速器及蜗杆减速器的装配草图。

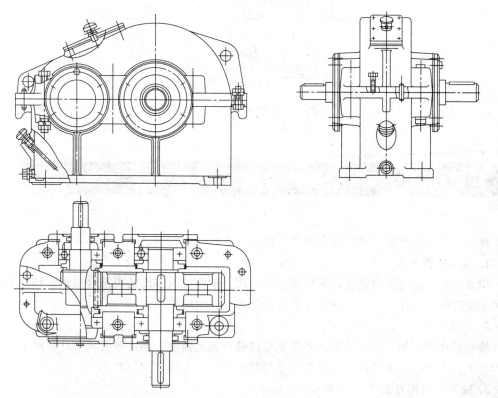

图 5-60　一级圆柱齿轮减速器装配草图（四）

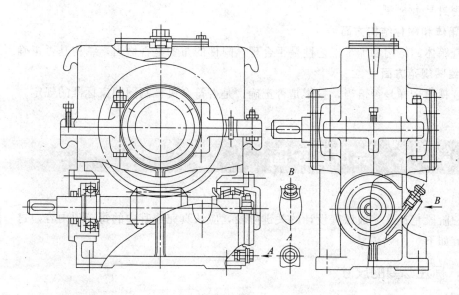

图 5-61

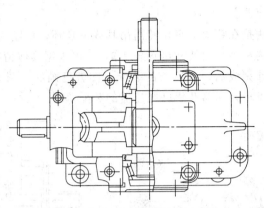

图 5-61　蜗杆减速器装配草图（四）

第五节　装配草图的检查

首先检查主要问题，然后检查细部，检查的主要内容如下。

1. 总体布置方面

检查装配草图与传动装置方案简图是否一致。轴伸端的方位是否符合要求，轴伸端的结构尺寸是否符合设计要求，箱外零件是否符合传动方案的要求。

2. 计算方面

检查传动件、轴、轴承及箱体等主要零件是否满足强度、刚度等要求，计算结果（如齿轮中心距、传动件与轴的尺寸、轴承型号与跨距等）是否与草图一致。

3. 轴组件结构方面

检查传动零件、轴、轴承和轴上其他零件的结构是否合理，定位、固定、调整、装拆、润滑和密封是否合理。

4. 箱体和附件结构方面

检查箱体的结构和加工工艺性是否合理，附件的布置是否恰当，结构是否正确。

5. 绘图规范方面

检查视图选择是否恰当，投影是否正确，是否符合机械制图国家标准的规定。

第六节　完成装配图

这一阶段是最终完成课程设计的关键阶段，应认真完成其中的每一项内容。这一阶段的主要内容如下。

一、标注必要的尺寸

装配图上应标注的尺寸有以下几类。

1. 特性尺寸

传动零件中心距及其偏差。

2. 最大外形尺寸

减速器的总长、总宽、总高，供包装运输及安装时参考。

3. 安装尺寸

箱座底面尺寸（包括底座的长、宽、厚），地脚螺栓孔中心的定位尺寸，地脚螺栓孔之间的中心距和地脚螺栓孔的直径及个数，减速器中心高尺寸，外伸轴端的配合长度和直径等。

4. 主要零件的配合尺寸

对于影响运转性能和传动精度的零件，其配合尺寸应标注出尺寸、配合性质和精度等级，例如轴与传动件、轴承、联轴器的配合尺寸，轴承与轴承座孔的配合尺寸等。对于这些零件应选择恰当的配合与精度等级，这与提高减速器的工作性能，改善加工工艺性及降低成本等有密切的关系。

标注尺寸时应使尺寸排列整齐、标注清晰，多数尺寸应尽量布置在反映主要结构的视图上，并尽量布置在视图的外面。

表5-7列出了减速器主要零件的推荐配合，应根据具体情况进行选用。

表 5-7　减速器主要零件的推荐配合

配合零件	推荐配合	装拆方法
大中型减速器的低速级齿轮（蜗轮）与轴的配合，轮缘与轮芯的配合	$\dfrac{H7}{r6}$，$\dfrac{H7}{s6}$	用压力机或温差法（中等压力的配合，小过盈配合）
一般齿轮、蜗轮、带轮、联轴器与轴的配合	$\dfrac{H7}{r6}$	用压力机（中等压力的配合）
要求对中性良好及很少装拆的齿轮、蜗轮、联轴器与轴的配合	$\dfrac{H7}{n6}$	用压力机（较紧的过渡配合）
小锥齿轮及较常装拆的齿轮、联轴器与轴的配合	$\dfrac{H7}{s6}$，$\dfrac{H7}{k6}$	手锤打入（过渡配合）
滚动轴承内孔与轴的配合（内圈旋转）	j6（轻载荷）、k6、m6（中等载荷）	用压力机（实际为过盈配合）
滚动轴承外圈与箱体孔的配合（外圈不转）	H7、H6（精度要求高时）	木锤或徒手装拆
轴承套环与箱体孔的配合	$\dfrac{H7}{h6}$	木锤或徒手装拆

二、写明减速器的技术特性

应在装配工作图的适当位置列表写出减速器的技术特性，内容包括输入功率和转速，传动效率、总传动比和各级传动比、传动特性（各级传动件的主要几何参数和精度等级）等。表5-8为二级圆柱斜齿轮减速器的技术特性表格式。

表 5-8　二级圆柱斜齿轮减速器技术特性表的格式

输入功率/kW	输入转速/(r/min)	效率 η	总传动比 i	传动特性							
				第一级				第二级			
				m_n	z_2/z_1	β	精度等级	m_n	z_2/z_1	β	精度等级

三、编写技术要求

装配工作图的技术要求用文字说明有关装配、调整、检验、润滑、维护等方面的内容，正确判定技术要求有助于保证减速器的各种工作性能。技术要求通常包括以下几方面的内容。

1. 对零件的要求

装配前所有合格的零件要用煤油或汽油清洗，箱体内不许有任何杂物存在，箱体内壁应涂上防侵蚀的涂料。

2. 对润滑剂的要求

润滑剂对减少传动零件和轴承的摩擦、磨损以及散热、冷却起着重要的作用，同时也有助于减振、防锈。技术要求中应写明所用润滑剂的牌号、油量及更换时间等。

选择传动件的润滑剂时，应考虑传动特点、载荷性质、大小及运转速度。对于多级传动，应按高速级和低速级对润滑剂黏度要求的平均值来选择润滑剂。

对于圆周速度 $v<2\text{m/s}$ 的开式齿轮传动和滚动轴承，也常采用润滑脂。可根据工作温度、运转速度、载荷大小和环境情况进行选择。

传动件和轴承所用润滑剂的选择方法参见主教材。换油时间一般为半年左右。

3. 对滚动轴承轴向间隙及其调整的要求

对于固定间隙的深沟球轴承，一般留轴向间隙 $\Delta=0.25\sim0.4\text{mm}$。可调间隙轴承的轴向间隙可查机械设计手册，并应注明轴向间隙值。

4. 传动侧隙量和接触斑点

传动侧隙和接触斑点的要求是根据传动件的精度等级确定的，查出后标注在技术要求中，供装配时检查用。

检查侧隙的方法可用塞尺测量，或用铅丝放进传动件啮合的间隙中，然后测量铅丝变形后的厚度即可。

检查接触斑点的方法是在主动件齿面上涂色，使其转动，观察从动件齿面的着色情况，由此分析接触区的位置及接触面积的大小。

5. 减速器的密封

减速器箱体的剖分面、各接触面及密封处均不允许漏油。剖分面允许涂密封胶和水玻璃，不允许使用任何垫片或填料。轴伸处密封应涂上润滑脂。

6. 对试验的要求

减速器装配好后应作空载试验，正反转各 1h，要求运转平稳、噪声小、连接固定处不得松动。作负载试验时，油池温升不得超过 35℃，轴承温升不得超过 40℃。

7. 对外观、包装和运输的要求

箱体表面应涂漆，外伸轴及零件需涂油并包装严密，运输和装卸时不可倒置。

四、对全部零件进行编号

零件编号时可不区分标准件和非标准件而统一编号，也可以分别编号。零件编号要完全，不能重复，相同的零件只能有一个零件编号。编号引线不能相交，并尽量不与剖面线平行。独立组件（如滚动轴承、通气器等）可作为一个零件编号。装配关系清楚的零件组（螺栓、螺母及垫圈）可利用公共引线，如图 5-62 所示。编号应按顺时针或逆时针方向顺次排列，编号的数字高度应比图中所注尺寸数字的高度大一号。

五、编制零件明细栏及标题栏

减速器的所有零件均应列入明细栏中，并应注明每个零件的材料和件数。对于标准件，则应注明名称、件数、材料、规格及标准代号。对齿轮应注明模数 m、齿数 z、螺旋角 β 等。

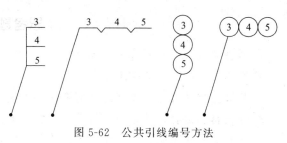

图 5-62　公共引线编号方法

机械设计课程设计所用的明细栏和装配图标题栏如表 5-9、表 5-10 所列。

六、检查装配工作图

完成装配图后，应对此阶段的设计再进行一次检查，其主要内容包括：

表 5-9　明细栏格式（本课程用）

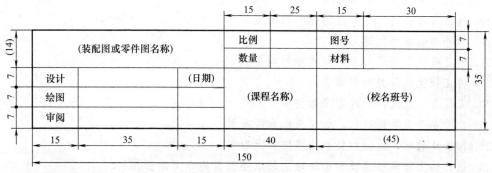

......	......	......	......	......	......
02	滚动轴承 7210 C	2		GB/T 292—2007	
01	箱座	1	HT200		
序号	名称	数量	材料	标准	备注
10	45	10	20	40	(25)

表 5-10　标题栏格式（本课程用）

(装配图或零件图名称)			比例	图号	
			数量	材料	
设计		(日期)			
绘图			(课程名称)	(校名班号)	
审阅					

注：主框线型为粗实线(b)；分格线为细实线($b/4$)。

① 视图的数量是否足够，是否能够清楚地表达减速器的结构和装配关系。

② 各零件的结构是否合理，加工、装拆、调整是否可能，维修、润滑是否方便。

③ 尺寸标注是否足够、正确，配合和精度的选择是否适当，重要零件的位置及尺寸是否符合设计计算要求，是否与零件图一致，相关零件的尺寸是否协调。

④ 零件编号是否齐全，有无遗漏或多余。

⑤ 技术要求和技术性能是否完善、正确。

⑥ 明细栏所列项目是否正确，标题栏格式、内容是否符合标准。

⑦ 所有文字是否清晰，是否按制图规定写出。

图纸经检查及修改后，待画完零件图再加深描粗，应注意保持图纸整洁。

思考题

1. 减速器机体有哪些结构形式？各自有哪些特点？铸造机体和焊接机体有什么区别？各自采用什么材料？使用条件有什么不同？

2. 机体上有关尺寸如何确定？需考虑哪些问题？

3. 通气器、油标、螺塞的作用是什么？有哪些结构形式？各自有哪些特点？

4. 窥视孔的作用是什么？如何确定其位置？窥视孔盖可用哪些材料？

5. 为什么要安装启盖螺钉，其大小如何确定？

6. 定位销的作用是什么？其位置如何确定？

7. 吊环、吊钩有哪些结构形式？设计时应考虑哪些问题？为什么机盖和机座都有吊环或吊钩？

8. 密封装置的作用是什么？有哪些结构形式？适用于什么场合？

9. 绘制减速器装配图从何处入手？装配图在设计过程中起什么作用？

10. 绘制装配图之前应确定哪些参数和结构？

11. 如何选择联轴器？你采用哪种联轴器？

12. 在本阶段设计中哪些尺寸必须圆整？

13. 对角接触轴承的支点位置如何确定？

14. 轴的径向（直径）尺寸变化有什么规律？直径变化断面的位置有何规律？

15. 阶梯轴各段的长度如何确定？

16. 轴承在轴承座上的位置是如何确定的？

17. 固定轴承时，轴肩（或套筒）的直径如何确定？

18. 确定轴承座宽度的根据是什么？

19. 为什么要进行轴的初步计算？轴的最后尺寸是否允许小于初步计算的尺寸？

20. 轴外伸长度如何确定？

21. 退刀槽的作用是什么？尺寸如何确定？

22. 键在轴上的位置如何确定？

23. 直径变化过渡部分的圆角如何确定？

24. 轴的安全系数校验时，如何选择危险断面？

25. 轴正反转时，对轴和轴承的强度有无影响？

26. 蜗杆轴上轴承挡油板和齿轮轴上轴承挡油板的作用是否相同？

27. 圆锥齿轮高速轴的轴向尺寸如何确定？其轴承部件结构有何特点？轴承套杯起什么作用？

28. 圆锥齿轮高速轴选用圆锥滚子轴承时，背靠背和面对面的结构有什么区别？

29. 轴承在轴上的固定方法有哪些？

30. 圆锥小齿轮轴的轴承部件中的套杯与轴承座端面之间的调整垫片和端盖与套杯之间的垫片起什么作用？两者有无区别？

31. 有哪些措施可以缩短蜗杆支点距离？

32. 在什么情况下，蜗杆上轴承采用一端固定、一端游动？

33. 齿轮、蜗轮常用哪些材料？分别在哪些场合使用？

34. 齿轮、蜗轮、蜗杆有哪些加工方法？

35. 齿轮有哪些结构形式？锻造与铸造齿轮在结构上有什么区别？

36. 蜗轮有哪些结构形式？其特点是什么？

37. 齿轮、蜗轮的轮毂宽度和直径如何确定？轮缘厚度又如何确定？

38. 轴承端盖有哪些结构形式？各有什么特点？

39. 大、小齿轮的齿宽如何确定？

40. 轴承端盖尺寸如何确定？

41. 机体剖分面上润滑油沟如何加工？设计油沟时应注意哪些问题？

42. 轴承旁的挡油板起什么作用？有哪些结构形式？

43. 如何选择齿轮和轴承的润滑剂？

44. 减速器机体的作用是什么？

45. 分析剖分式和整体式、铸造和焊接机体的特点？

46. 机体的刚度为什么在设计中特别重要？可采用哪些措施保证机体的刚度？

47. 机体加肋的作用是什么？比较内外肋的特点？

48. 设计轴承座孔附近的连接螺栓凸台结构需考虑哪些问题？

49. 采取哪些措施以保证机体的密封？

50. 传动件的浸油深度及机座的高度如何确定？它和保证良好的润滑和散热有何关系？

51. 蜗杆减速器的机体设计有何特点？

52. 在设计中如何考虑机体的结构工艺性？铸件设计有何特点？

53. 减速器各附件的作用是什么？

54. 窥视孔的位置及大小如何考虑？

55. 放油螺塞的位置如何决定？如何防止漏油？

56. 油尺的设计需要注意哪些问题？油尺外的隔套为什么要钻小孔？

57. 油面指示螺钉如何使用？

58. 为什么在蜗杆减速器中安置溅油盘？它的尺寸及位置如何设计？

59. 通气器的位置如何考虑？

60. 定位销设计需要考虑哪些问题？

61. 输油沟和回油沟有何区别？

62. 装配图应标注的尺寸有哪几类？起何作用？

63. 如何选择减速器主要零件的配合与精度？滚动轴承与轴和座孔的配合如何考虑？

64. 为什么在装配图设计中要写出技术要求？有哪些内容？

65. 对传动件及轴承进行润滑的作用是什么？如何选择润滑剂？如何进行润滑？

66. 为什么在机体剖分面处不允许使用垫片？

67. 轴承为什么要调整间隙？如何调整间隔？

68. 传动件的接触斑点在什么情况下进行检查？如何检查？接触斑点和传动件精度的关系如何？当不符合要求时如何调整？

69. 减速器各零件的材料如何选择？

70. 检查装配图应包括哪些内容？

71. 齿轮（蜗杆）是否需要调整？如何调整？

第六章 零件工作图的设计与绘制

零件工作图（简称为零件图）是制造、检验零件和制定工艺规程的基本技术文件。它既要根据装配图表明设计要求，又要结合制造的加工工艺性表明加工要求。零件图应包括制造和检验零件所需的全部内容，即零件的图形、尺寸及公差、形位公差、表面粗糙度、材料、热处理及其他技术要求、标题栏等。

在机械设计基础课程设计中，零件图的绘制一般以轴类和齿轮类零件为主。

第一节 零件工作图的设计要点

一、视图及比例的选择

视图的选择应能清楚地表达零件内、外部的结构形状。零件图的结构与尺寸应与装配图一致，应尽量减少视图的数量，选用1∶1的绘图比例以增加真实感。

二、尺寸及偏差的标注

标注尺寸时应注意选择正确的尺寸基准，尺寸标注应清晰、不封闭、不重复。应以一主要视图的尺寸标注为主，同时辅以其他视图的标注，有配合要求的尺寸应标注极限偏差。

三、表面粗糙度的标注

零件的所有表面都应注明表面粗糙度值，以便于制定加工工艺。在常用参数值范围内，应优先选用 Ra 参数。在保证正常工作条件下应尽量选用数值较大者，以便于加工。如果大多数表面具有相同的表面粗糙度参数值，可在右上角统一标注，并加"其余"字样。

四、形位公差的标注

形位公差是评定零件质量的重要指标之一，应正确选择其等级及具体数值。

五、齿轮类零件的啮合参数表

对于齿轮、蜗轮类零件，由于其参数及误差检验项目等较多，应在图纸右上角列一啮合参数表，标注主要参数、精度等级及误差检验项目等。

六、技术要求

对于不便在图形上表明而又是制造中应明确的内容，可用文字在技术要求中说明。技术要求一般包括：

① 对材料的力学性能和化学成分的要求。

② 对铸锻件及其他毛坯件的要求，如时效处理、去毛刺等要求。

③ 对零件的热处理方法及热处理后硬度的要求。

④ 对加工的要求，如配钻、配铰等。

⑤ 对未注圆角、倒角的要求。

⑥ 其他特殊要求，如对大型或高速齿轮的平衡试验要求等。

⑦ 标题栏。

应注明图号，零件的名称、材料及件数，绘图比例等内容。

第二节　轴类零件工作图的设计要点 ◀◀◀◀

一、视图

一般只需一个视图，在有键槽和孔的地方，可增加必要的剖面图。对于不易表达清楚的部位，如中心孔、退刀槽等，必要时应绘制局部放大图。

二、标注尺寸

标注径向尺寸时应注意，凡有配合处的直径都应标注尺寸的偏差值。

标注轴向尺寸时需要考虑基准面和尺寸链的问题，选定尺寸标注的基准面时，应尽量使尺寸的标注反映加工工艺的要求，轴向尺寸不允许出现封闭的尺寸链。图 6-1 所示为轴的轴向尺寸标注示例，2、3 为主要基准面，1、4 为辅助基准面，这是因为轴段 $22_{-0.14}^{0}$ 和 $12_{-0.12}^{0}$ 的精度较高，其尺寸应从轴环的两侧标出，这种标注方法反映出零件在车床上的加工顺序。

三、表面粗糙度

与轴承相配合表面及轴肩端面表面粗糙度值的选择见表 6-1。轴的所有表面都要加工，其表面粗糙度值可按表 6-2 选择或查设计手册。

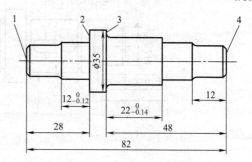

图 6-1　轴的轴向尺寸标注示例

表 6-1　配合面的表面粗糙度值

轴或轴承座直径 /mm			轴或外壳孔配合表面直径公差等级								
			IT7			IT6			IT5		
			表面粗糙度值/μm								
超过	到	Rz	Ra		Rz	Ra		Rz	Ra		
			磨	车		磨	车		磨	车	
	80	10	1.6	3.2	6.3	0.8	1.6	4	0.4	0.8	
80	500	16	1.6	3.2	10	1.6	3.2	6.3	0.8	1.6	
端面		25	3.2	6.3	25	3.2	6.3	10	1.6	3.2	

注：与/P0、/P6（P6x）级公差轴承配合的轴，其公差等级一般为 IT6，外壳孔一般为 IT7。

表 6-2　轴加工表面粗糙度 Ra 的推荐值

加工表面	表面粗糙度 Ra/μm		
与传动件及联轴器等轮毂相配合的表面	1.6～0.8		
与 G、E 级滚动轴承相配合的表面	见表 6-1		
与传动件及联轴器相配合的轴肩端面	1.6～0.8		
与滚动轴承相配合的轴肩端面	见表 6-1		
平键键槽	工作面:＜1.6　　非工作面:＜6.3		
密封处的表面	毡圈油封	橡胶油封	隙缝密封及迷宫式密封
	与轴接触处的圆周速度/(m/s)		3.2～1.6
	≤3	3～5	5～10	
	0.8～0.4	0.8～0.4	0.8～0.2	

四、几何公差

　　在轴的零件图上应标注必要的几何公差，以保证减速器的装配质量及工作性能。表 6-3 列出了轴上应标注的常用几何公差项目供参考。轴的几何公差标注方法及公差值可参考设计手册，标注示例如图 6-2 所示。

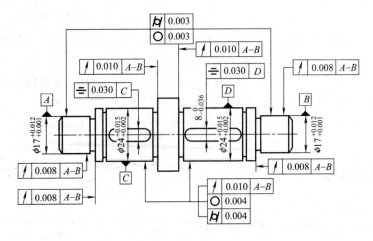

图 6-2　轴的几何公差标注示例

注：φ17 为与轴承配合直径，φ24 为与齿轮配合直径

表 6-3 轴的几何公差推荐项目

内容	项目	符号	精度等级	对工作性能影响
形状公差	与传动零件相配合直径的圆度	◯	7～8	影响传动零件与轴配合的松紧及对中性
	与传动零件相配合直径的圆柱度	⌭		
	与轴承相配合直径的圆柱度	⌭	表 6-1	影响轴承与轴配合的松紧及对中性
跳动公差	齿轮的定位端面相对轴心线的端面圆跳动	↗	6～8	影响齿轮和轴承的定位及其受载均匀性
	轴承的定位端面相对轴心线的端面圆跳动		表 6-1	
	与传动零件配合的直径相对于轴心线的径向圆跳动		6～8	影响传动件的运转同心度
	与轴承相配合的直径相对于轴心线的径向圆跳动	↗	5～6	影响轴和轴承的运转同心度
位置公差	键槽侧面对轴中心线的对称度(要求不高时不注)	=	7～9	影响键受载的均匀性及拆拆的难易

五、技术要求

轴类零件图的技术要求通常包括：

① 对材料的力学性能和化学成分的要求，允许的代用材料等。

② 对材料的表面力学性能的要求，如热处理方法、热处理后的硬度、渗碳层深度及淬火硬化层深度等。

③ 对加工的要求。例如，是否要保留中心孔，若要保留中心孔，应在零件图上画出中心孔或按国家标准加以说明；是否与其他零件一起配合加工，如配钻或配铰等，若有要求也应加以说明。

④ 对于未注明圆角、倒角的说明，以及对较长的轴要求进行毛坯校直等的说明。

第三节 齿轮类零件工作图的设计要点 ◀◀◀

一、视图

齿轮类零件一般需要两个视图，齿轮轴与蜗杆的视图与轴类零件图相似。为了表达齿形的有关特征及参数（如蜗杆的轴向齿距等），必要时应画出局部剖面图。若蜗轮为组合式结构，则需分别画出齿圈、轮体的零件图及蜗轮的组件图。

二、标注尺寸

标注齿轮的尺寸时首先应选定基准面，基准面的尺寸和形状公差应严格规定，因为它影响到齿轮加工和检测的精度。

在切削齿轮的轮齿时，是以孔心线和端面作为基准的。当测量分度圆弦齿厚或固定弦齿厚时，其齿顶圆是测量基准。

当齿顶圆作为测量基准时，其顶圆直径公差按齿坯公差选取；当顶圆直径不作为测量基准时，尺寸公差按 IT11 给定，但不小于 $0.1m_n$（m_n 为法面模数）。

三、表面粗糙度的确定

齿轮类零件的所有表面都应标明表面粗糙度，可从表 6-4 中选取相应的表面粗糙度 Ra 推荐值。

表 6-4　齿轮（蜗轮）轮齿表面粗糙度 Ra 推荐值

加工表面		传动精度等级			
		6	7	8	9
轮齿工作面	圆柱齿轮	$\sqrt{Ra\,1.6} \sim \sqrt{Ra\,0.8}$	$\sqrt{Ra\,3.2} \sim \sqrt{Ra\,0.8}$	$\sqrt{Ra\,3.2} \sim \sqrt{Ra\,1.6}$	$\sqrt{Ra\,6.3} \sim \sqrt{Ra\,3.2}$
	锥齿轮		$\sqrt{Ra\,1.6} \sim \sqrt{Ra\,0.8}$		
	蜗杆及蜗轮				
齿顶圆		$\sqrt{Ra\,12.5} \sim \sqrt{Ra\,3.2}$			
轴孔		$\sqrt{Ra\,3.2} \sim \sqrt{Ra\,1.6}$			
与轴肩配合的端面		$\sqrt{Ra\,6.3} \sim \sqrt{Ra\,3.2}$			
平键键槽		$\sqrt{Ra\,6.3} \sim \sqrt{Ra\,3.2}$（工作面）　$\sqrt{Ra\,12.5}$（非工作面）			
齿圈与轮体的配合面		$\sqrt{Ra\,3.2} \sim \sqrt{Ra\,1.6}$			
其他加工表面		$\sqrt{Ra\,12.5} \sim \sqrt{Ra\,6.3}$			
非加工表面		$\sqrt{Ra\,100} \sim \sqrt{Ra\,50}$			

四、几何公差的选定

轮坯的几何公差对齿轮类零件的传动精度影响很大，一般需标注的项目有：①齿顶圆的径向圆跳动；②基准端面对轴线的端面圆跳动；③键槽侧面对孔心线的对称度；④轴孔的圆柱度。

具体内容和精度等级可从表 6-5 的推荐项目中选取。

表 6-5　轮坯几何公差的推荐项目

项目	符号	精度等级	对工作性能的影响
圆柱齿轮以顶圆作为测量基准时齿顶圆的径向圆跳动 锥齿轮的齿顶圆锥的径向圆跳动 蜗轮外圆的径向圆跳动 蜗杆外圆的径向圆跳动	↗	按齿轮、蜗轮精度等级确定	影响齿厚的测量精度,并在切齿时产生相应的齿圈径向跳动误差 导致传动件的加工中心与使用中心不一致,引起分齿不均。同时会使轴心线与机床的垂直导轨不平行而引起齿向误差
基准端面对轴线的端面圆跳动	↗		
键槽侧面对孔中心线的对称度	=	7～9	影响键侧面受载的均匀性
轴孔的圆度	○	7～8	影响传动零件与轴配合的松紧及对中性
轴孔的圆柱度	⌀		

五、啮合参数表

啮合参数表的内容包括齿轮的主要参数及误差检验项目等。表 6-6 所示为圆柱齿轮啮合参数表的主要内容，其中误差检验项目和公差值可查有关齿轮精度的国家标准（如 GB/T 10095.1—2008，GB/T 10095.2—2008）。

表 6-6　圆柱齿轮啮合参数表

模数	$m(m_n)$	精度等级		
齿数	z	相啮合齿轮图号		
压力角	α	变位系数	x	
齿顶高系数	h_a^*	误差检验项目		
齿根高系数	$h_a^*+c^*$			
齿全高	h			
螺旋角	β			
轮齿倾斜方向	左或右			

六、技术要求

如零件图设计要点中所述。

对于锥齿轮零件图及圆柱蜗杆、蜗轮的零件图，可参考有关例图。锥齿轮的精度等级、误差检验项目及公差值按 GB/T 11365—1989 查取，圆柱蜗杆、蜗轮则按 GB/T 10089—1988 查取。

第四节　齿轮类零件结构形式

一、齿轮的结构

齿轮的结构设计主要包括选择合理适用的结构形式，依据经验公式确定齿轮的轮毂、轮辐、轮缘等各部分的尺寸及绘制齿轮的零件工作图等。

常用的齿轮结构形式有以下几种。

（1）齿轮轴　当圆柱齿轮的齿根圆至键槽底部的距离 $x \leqslant (2\sim2.5)m_n$，或当锥齿轮小端的齿根圆至键槽底部的距离 $x \leqslant (1.6\sim2)m$ 时，应将齿轮与轴制成一体，称为齿轮轴，如图 6-3 所示。

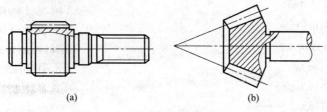

(a)　　　　　　　　　　(b)

图 6-3　齿轮轴

（2）实体式齿轮　当齿轮的齿顶圆直径 $d_a \leqslant 200\text{mm}$，可采用实体式结构，如图6-4所示。这种结构形式的齿轮常用锻钢制造。

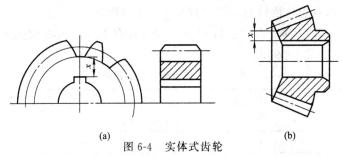

(a)　　　图6-4　实体式齿轮　　　(b)

（3）腹板式齿轮　当齿轮的齿顶圆直径 $d_a = 200 \sim 500\text{mm}$ 时，可采用腹板式结构，如图6-5所示。这种结构的齿轮一般常用锻钢制造，其各部分尺寸由图中经验公式确定。

（4）轮辐式齿轮　当齿轮的齿顶圆直径 $d_a > 500\text{mm}$ 时，可采用轮辐式结构，如图6-6所示。这种结构的齿轮常采用铸钢或铸铁制造，其各部分尺寸按图中经验公式确定。

二、蜗杆、蜗轮结构

蜗杆的直径较小，常和轴制成一个整体（图6-7）。螺旋部分常用车削加工，也可用铣削加工。车削加工时需有退刀槽，因此刚性较差。

按材料和尺寸的不同蜗轮的结构分为多种形式，如图6-8所示。

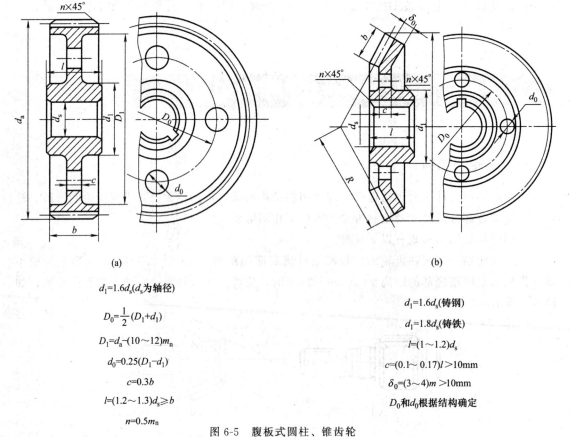

(a)

$d_1 = 1.6d_s$（d_s为轴径）

$D_0 = \dfrac{1}{2}(D_1 + d_1)$

$D_1 = d_a - (10 \sim 12)m_n$

$d_0 = 0.25(D_1 - d_1)$

$c = 0.3b$

$l = (1.2 \sim 1.3)d_s \geqslant b$

$n = 0.5m_n$

(b)

$d_1 = 1.6d_s$（铸钢）

$d_1 = 1.8d_s$（铸铁）

$l = (1 \sim 1.2)d_s$

$c = (0.1 \sim 0.17)l > 10\text{mm}$

$\delta_0 = (3 \sim 4)m > 10\text{mm}$

D_0 和 d_0 根据结构确定

图6-5　腹板式圆柱、锥齿轮

$d_1=1.6d_s$(铸钢)

$d_1=1.8d_s$(铸铁)

$D_1=d_a-(10\sim12)m_n$

$h=0.8d_s$

$h_1=0.8h$

$c=0.2h$

$s=\dfrac{h}{6}$(不小于10mm)

$l=(1.2\sim1.5)d_s$

$n=0.5m_n$

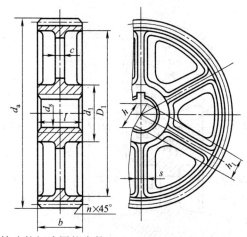

图 6-6 铸造轮辐式圆柱齿轮

（1）整体式蜗轮［图 6-8（a）］ 主要用于直径较小的青铜蜗轮或铸铁蜗轮。

（2）齿圈式蜗轮［图 6-8（b）］ 为了节约贵重金属，直径较大的蜗轮常采用组合结构，齿圈用青铜材料，轮芯用铸铁或铸钢制造。两者采用 H7/r6

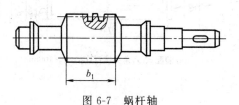

图 6-7 蜗杆轴

配合，并用 4～6 个直径为（1.2～1.5）m 的螺钉加固，m 为蜗轮模数。为便于钻孔，应将螺孔中心线向材料较硬的轮芯部分偏移 2～3mm。这种结构用于尺寸不太大而且工作温度变化较小的场合。

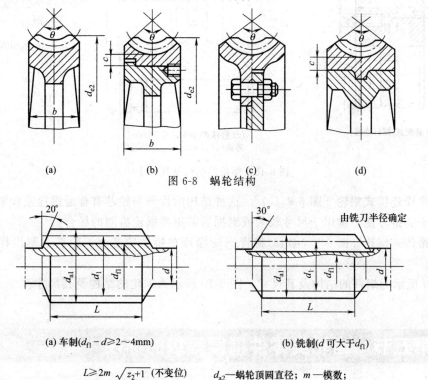

（a）　　　　（b）　　　　（c）　　　　（d）

图 6-8 蜗轮结构

（a）车制($d_{f1}-d\geqslant2\sim4$mm)　　　　（b）铣制(d 可大于d_{f1})

$L\geqslant2m\sqrt{z_2+1}$ （不变位）　　　d_{a2}—蜗轮顶圆直径；m—模数；

$L\geqslant\sqrt{d_{a2}^2+d_2^2}$ （变位）　　　d_2—蜗轮分度圆直径

图 6-9 蜗杆的结构及其尺寸

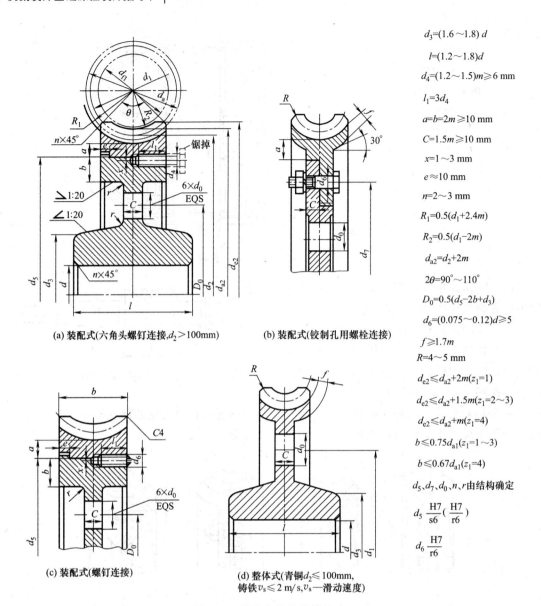

$d_3=(1.6\sim1.8)d$

$l=(1.2\sim1.8)d$

$d_4=(1.2\sim1.5)m\geqslant6\ mm$

$l_1=3d_4$

$a=b=2m\geqslant10\ mm$

$C=1.5m\geqslant10\ mm$

$x=1\sim3\ mm$

$e\approx10\ mm$

$n=2\sim3\ mm$

$R_1=0.5(d_1+2.4m)$

$R_2=0.5(d_1-2m)$

$d_{a2}=d_2+2m$

$2\theta=90°\sim110°$

$D_0=0.5(d_5-2b+d_3)$

$d_6=(0.075\sim0.12)d\geqslant5$

$f\geqslant1.7m$

$R=4\sim5\ mm$

$d_{e2}\leqslant d_{a2}+2m(z_1=1)$

$d_{e2}\leqslant d_{a2}+1.5m(z_1=2\sim3)$

$d_{e2}\leqslant d_{a2}+m(z_1=4)$

$b\leqslant0.75d_{a1}(z_1=1\sim3)$

$b\leqslant0.67d_{a1}(z_1=4)$

d_5、d_7、d_0、n、r由结构确定

$d_5\ \dfrac{H7}{s6}\left(\dfrac{H7}{r6}\right)$

$d_6\ \dfrac{H7}{r6}$

(a) 装配式(六角头螺钉连接,$d_2>100mm$) 　(b) 装配式(铰制孔用螺栓连接)

(c) 装配式(螺钉连接)

(d) 整体式(青铜$d_2\leqslant100mm$,
铸铁$v_s\leqslant2\ m/s$,v_s—滑动速度)

图 6-10　蜗轮的结构及其尺寸

（3）螺栓连接式蜗轮［图 6-8（c）］　这种结构的齿圈与轮芯有普通螺栓或铰制孔用螺栓连接，由于装拆方便，常用于尺寸较大或磨损后需更换蜗轮齿圈的场合。

（4）镶铸式蜗轮［图 6-8（d）］　将青铜轮缘铸在铸铁轮芯上，轮芯上制出榫槽，以防轴向滑动。

图 6-9 所示为蜗杆的结构及其尺寸，图 6-10 所示为蜗轮的结构及其尺寸。

第五节　齿轮类零件精度等级的标注　◀◀◀

圆柱齿轮精度按 GB/T 10095.1—2008，GB/T 10095.2—2008 标准执行，此标准为新

标准，应替代 GB/T 10095—1988 标准，规定了 13 个精度等级，6～8 级为中精度等级。在齿轮标准中，齿轮误差、偏差统称为齿轮偏差，将偏差与公差共用一个符号表示，例如 F_a 既表示齿廓总偏差，又表示齿廓总公差。

齿轮精度等级标注示例如下。

7 GB/T 10095.1—2008，该标注含义为齿轮各项偏差项目均为 7 级精度，且符合 GB/T 10095.1—2008 要求。

$7F_p6$ ($F_\alpha F_\beta$) GB/T 10095.1—2008，该标注含义为齿轮各项偏差项目均应符合 GB/T 10095.1—2008 要求，F_p 为 7 级精度，F_α、F_β 均为 6 级精度。

齿厚偏差标注仍按照 CB/T 6443—1986 的规定，应将齿厚（或公法线长度）及其极限偏差值写在图样右上角的参数表中，而不写在上述的精度等级标注示例中。

锥齿轮精度按 GB/T 11365—1989 标准执行，其标注示例如下。

① 齿轮的三个公差组精度同为 7 级，最小法向侧隙种类为 b，法向侧隙公差种类为 B：

$$7bB \quad GB/T\ 11365—1989$$

② 齿轮的第Ⅰ公差组精度为 8 级，第Ⅱ、第Ⅲ公差组精度为 7 级，最小法向侧隙种类为 c，法向侧隙公差种类为 B：

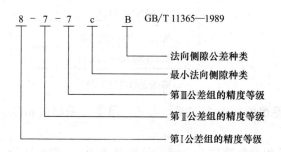

圆柱蜗杆、蜗轮精度按 GB/T 10089—1988 标准执行，其标注示例如下。

① 蜗杆的第Ⅱ、第Ⅲ公差组的精度为 8 级，齿厚极限偏差为标准值，相配的侧隙种类为 c，则标注为：

若蜗杆齿厚极限偏差为非标准值，如上偏差 −0.27，下偏差为 −0.40，则标注为：

$$\text{蜗杆} \quad 8 \binom{-0.27}{-0.40} \quad GB/T\ 10089—1988$$

② 蜗轮的第Ⅰ公差组的精度为 7 级，第Ⅱ、第Ⅲ公差组的精度为 8 级，齿厚极限偏差为标准值，相配的侧隙种类为 c，则标注为：

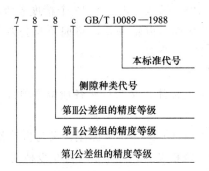

若蜗轮的三个公差组的精度同为 8 级，其他同上，则标注为：

8c　　GB/T 10089—1988

若蜗轮齿厚无公差要求，则标注为：

7-8-8　c　GB/T 10089—1988

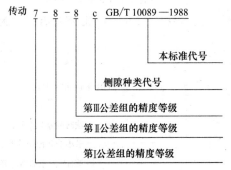

③ 传动的第 I 公差组的精度为 7 级，第 II、第 III 公差组的精度为 8 级，侧隙种类为 c，则标注为：

若传动的三个公差组的精度同为 8 级，侧隙种类为 c，则标注为：

传动　8c GB/T 10089—1988

若侧隙为非标准值时，如 $j_{min}=0.03mm$，$j_{max}=0.06mm$，则标注为：

$$\text{传动 } 7\text{-}8\text{-}8 \begin{pmatrix} 0.03 \\ 0.06 \end{pmatrix} \quad \text{GB/T } 10089\text{—}1988$$

另附：圆柱齿轮精度按 GB/T 10095—1988 标准（旧标准）执行，其标注示例如下。

① 齿轮第 I 公差组精度为 7 级，第 II 公差组精度为 6 级，第 III 公差组精度为 6 级，齿厚上偏差为 G，齿厚下偏差为 M：

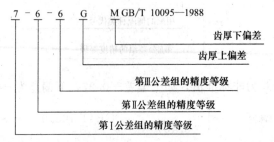

② 齿轮的三个公差组精度同为 7 级，其齿厚上偏差为 F，下偏差为 L：

7FL　　GB/T 10095—1988

③ 齿轮的三个公差组精度同为 4 级，其齿厚上偏差为 $-330\mu\mathrm{m}$，下偏差为 $-495\mu\mathrm{m}$：

$$4 \binom{-0.330}{-0.495} \quad \mathrm{GB/T}\ 10095—1988$$

思考题

1. 零件工作图设计包括哪些内容？

2. 标注尺寸时，如何选取基准？

3. 轴的标注尺寸和加工工艺有何关系？

4. 为什么尺寸链不能封闭？

5. 分析轴表面粗糙度和工作性能及加工的关系。

6. 分析轴的形位公差对工作性能的影响。

7. 如何选择齿轮类零件的误差检验项目？它和齿轮精度的关系如何？

8. 如何标注机体零件工作图的尺寸？

9. 机体孔的中心距及其偏差如何标注？

10. 分析机体的形位公差对减速器工作性能的影响。

11. 零件图中哪些尺寸需要圆整？

第七章 编写设计计算说明书与准备答辩

设计计算说明书既是图纸设计的理论依据，又是设计计算的总结，也是审核设计是否合理的技术文件之一。因此，编写设计计算说明书是设计工作的一个重要环节。

第一节 设计计算说明书的要求

设计计算说明书要求计算正确，论述清楚，文字简练，书写工整。对计算内容只需写出计算公式，再代入数值（运算和简化过程不必写），最后写清计算结果、标注单位并写出结论（如"强度足够"、"在允许范围内"等）即可。对于主要的计算结果，在说明书的右侧一栏填写，使其醒目突出。说明书中还应包括有关的简图，如传动方案简图、轴的受力分析图、弯矩图、传动件草图等。说明书中所引用的重要公式或数据，应注明来源、参考资料的编号和页码。对每一自成单元的内容，都应有大小标题。

说明书要用16开纸书写，要标出页码，编好目录，做好封面，最后装订成册。

第二节 设计计算说明书的内容与格式

（1）设计计算说明书的主要内容大致包括：

① 目录（标题及页码）。

② 设计任务书（附传动方案简图）。

③ 传动方案的分析。

④ 电动机的选择。

⑤ 传动装置运动及动力参数计算。

⑥ 传动零件的设计计算。

⑦ 轴的计算。

⑧ 滚动轴承的选择和计算。

⑨ 键连接的选择和计算。

⑩ 联轴器的选择。

⑪ 润滑方式、润滑油牌号及密封装置的选择。

⑫ 参考资料（资料编号、主要责任者、书名、版本出版地、出版单位、出版年）。

（2）书写格式示例如表 7-1 所示。

表 7-1 设计计算说明书书写格式

计算及说明	结果
四、齿轮传动计算 1. 高速级齿轮传动的校核计算 （1）齿轮的主要参数和几何尺寸 模数 $m=2$mm，齿数 $z_1=29,z_2=101$ …… 中心距 $a=\dfrac{m(z_1+z_2)}{2}=\dfrac{2(29+101)}{2}mm=130$mm 齿宽 $b_1=40$mm，$b_2=35$mm 传动比 $i=3.48$ …… （2）齿轮的材料和硬度 …… （3）许用应力 …… （4）小齿轮转矩 T_1 ……	齿轮计算公式和有关数据皆引自[×]××～××页。 主要参数： $m=2$mm $z_1=29$ $z_2=101$ $a=130$mm $b_1=40$mm $b_2=35$mm $i=3.48$ 公式引自[×] $\sigma_H<[\sigma_H]$ 结果

计算及说明

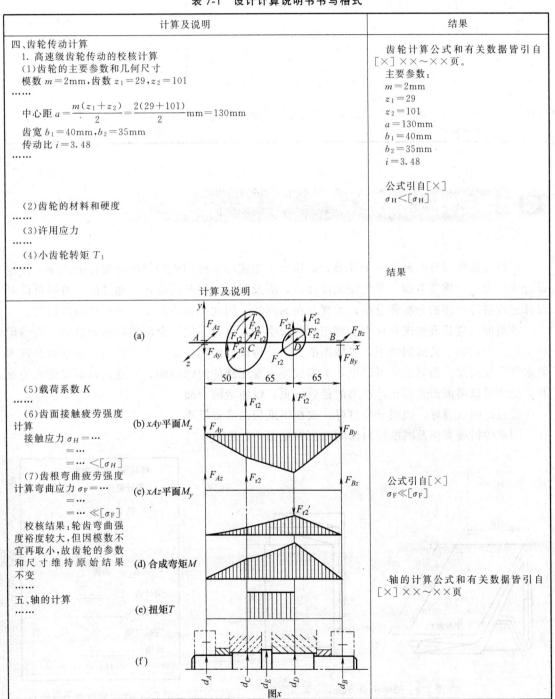

（5）载荷系数 K
……
（6）齿面接触疲劳强度计算
接触应力 $\sigma_H=\cdots$
$=\cdots$
$=\cdots<[\sigma_H]$
（7）齿根弯曲疲劳强度计算弯曲应力 $\sigma_F=\cdots$
$=\cdots$
$=\cdots\ll[\sigma_F]$
校核结果：轮齿弯曲强度裕度较大，但因模数不宜再取小，故齿轮的参数和尺寸维持原始结果不变

五、轴的计算
……

公式引自[×]
$\sigma_F\ll[\sigma_F]$

轴的计算公式和有关数据皆引自[×]××～××页

图x

续表

计算及说明	结果
2. 中间轴的计算 轴的跨度、齿轮在轴上的位置及轴的受力如图 x 中(a)图所示。 ……… 3. 轴的弯矩 xAy 平面 C 断面　$M_{cz}=F_{Ay}\times50\text{mm}=1490\times50\text{N}\cdot\text{mm}=74.5\times10^3\text{N}\cdot\text{mm}$ D 断面　$M_{Dz}=F_{By}\times65\text{mm}=1740\times65\text{N}\cdot\text{mm}=113\times10^3\text{N}\cdot\text{mm}$ xAz 平面 C 断面　$M_{cy}=F_{Az}\times50\text{mm}=76\times50\text{N}\cdot\text{mm}=3.8\times10^3\text{N}\cdot\text{mm}$ D 断面　$M_{Dy}=F_{Bz}\times65\text{mm}=460\times65\text{N}\cdot\text{mm}=29.9\times10^3\text{N}\cdot\text{mm}$ 合成弯矩 C 断面 $M_C=\sqrt{M_{CZ}^2+M_{Cy}^2}=\sqrt{(74.5\times10^3)^2+(3.8\times10^3)^2}\,\text{N}\cdot\text{mm}$ 　　　　$=74.6\times10^3\text{N}\cdot\text{mm}$ D 断面 $M_D=\sqrt{M_{Dz}^2+M_{Dy}^2}=\sqrt{(113\times10^3)^2+(29.9\times10^3)}\,\text{N}\cdot\text{mm}$ 　　　　$=116.9\times10^3\text{N}\cdot\text{mm}$	$M_C=74.6\times10^3\text{N}\cdot\text{mm}$ $M_D=116.9\times10^3\text{N}\cdot\text{mm}$

⚙ 第三节　准备答辩 ‹‹‹

　　答辩是课程设计的最后一个环节，是检查学生实际掌握知识的情况和设计的成果，评定设计成绩的一个重要方面。学生完成设计后，应及时做好答辩的准备。通过准备答辩可以对设计过程进行全面的分析和总结，发现存在的问题，因此准备答辩是一个再提高的过程。

　　答辩前，应认真整理和检查全部图纸和说明书，进行系统、全面的回顾和总结。搞清设计中每一个数据、公式的使用，弄懂图纸上的结构设计问题，每一线条的画图依据以及技术要求等其他问题。做好总结可以把还不懂或尚未考虑到的问题搞懂、弄透，以取得更大的收获。总结可以书面形式写在计算书的最后一页，以便老师查阅。

　　最后把图纸叠好，说明书装订好，放在图纸袋内准备答辩。

　　图纸的折叠方法及图纸袋封面的写法参见图 7-1 及图 7-2。

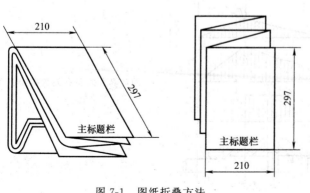

图 7-1　图纸折叠方法

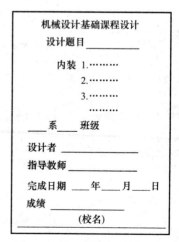

图 7-2　图纸袋封面书写格式

第八章 机械设计基础课程设计常用标准和规范

 第一节 一般标准 <<<

机械设计基础课程设计的一般标准见表 8-1～表 8-21。

表 8-1 图纸幅面、图样比例

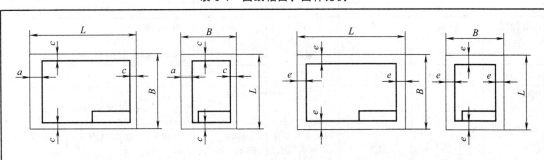

留装订边　　　　　　　　　　　　　不留装订边

图纸幅面（GB/T 14689—2008 摘录）/mm							图样比例（GB/T 14690—1993）		
基本幅面（第一选择）					加长幅面（第二选择）		原值比例	缩小比例	放大比例
幅面代号	$B \times L$	a	c	e	幅面代号	$B \times L$	$1:1$	$1:2 \quad 1:2\times10^n$ $1:5 \quad 1:5\times10^n$ $1:10 \quad 1:1\times10^n$	$5:1 \quad 5\times10^n:1$ $2:1 \quad 2\times10^n:1$ $1\times10^n:1$
A0	841×1189			20	A3×3	420×891			
A1	594×841		10		A3×4	420×1189		必要时允许选取	必要时允许选取
A2	420×594	25			A4×3	297×630		$1:1.5 \quad 1:1.5\times10^n$ $1:2.5 \quad 1:2.5\times10^n$	$4:1 \quad 4\times10^n:1$
A3	297×420		5	10	A4×4	297×841		$1:3 \quad 1:3\times10^n$ $1:4 \quad 1:4\times10^n$	$2.5:1 \quad 2.5\times10^n:1$
A4	210×297				A4×5	297×1051		$1:6 \quad 1:6\times10^n$	n——正整数

注: 1. 加长幅面的图框尺寸，按比所选用的基本幅面大一号的图框尺寸确定。例如对 A3×4，按 A2 的图框尺寸确定，即 e 为 10（或 c 为 10）。
2. 加长幅面（第三选择）的尺寸见 GB/T 14689—2008。

表 8-2　常用材料极限强度的近似关系

材料名称	极限强度					
	对称应力疲劳极限			脉动应力疲劳极限		
	拉伸疲劳极限 σ_{-1t}	弯曲疲劳极限 σ_{-1}	扭转疲劳极限 τ_{-1}	拉伸脉动疲劳极限 σ_{0t}	弯曲脉动疲劳极限 σ_0	扭转脉动疲劳极限 τ_0
结构钢	$\approx 0.3\sigma_b$	$\approx 0.43\sigma_b$	$\approx 0.25\sigma_b$	$\approx 1.42\sigma_{-1t}$	$\approx 1.33\sigma_{-1}$	$\approx 1.5\tau_{-1}$
铸铁	$\approx 0.225\sigma_b$	$\approx 0.45\sigma_b$	$\approx 0.36\sigma_b$	$\approx 1.42\sigma_{-1t}$	$\approx 1.35\sigma_{-1}$	$\approx 1.35\tau_{-1}$
铝合金	$\approx \dfrac{\sigma_b}{6}+73.5\text{MPa}$	$\approx \dfrac{\sigma_b}{6}+73.5\text{MPa}$	$\approx(0.55\sim0.58)\sigma_{-1}$	$\approx 1.5\sigma_{-1t}$		

表 8-3　常用法定计量单位及换算关系

量的名称	法定计量单位		非法定计量单位		换算关系
	名称	符号	名称	符号	
转速	转每分	r/min			$1\text{r/min}=(1/60)\text{r/s}$
长度	米	m	埃 英寸	Å in	$1\text{Å}=0.1\text{nm}=10^{-10}\text{m}$ $1\text{in}=0.0254\text{m}=25.4\text{mm}$
面积	平方米	m^2			
体积、容积	立方米 升 $(1l=1\text{dm}^3)$	m^3 l,L	立方英尺 加仑(英) 加仑(美)	ft^3 gal(英) gal(美)	$1\text{ft}^3=0.0283168\text{m}^3$ $=28.3168\text{dm}^3$ $1\text{gal}(英)=4.54609\text{dm}^3$ $1\text{gal}(美)=3.78541\text{dm}^3$
质量	千克 吨	kg t	磅 长吨、英吨	lb	$1\text{lb}=0.45359237\text{kg}$ 1 英吨=1 长吨 $=1016.05\text{kg}$
力、重力	牛[顿]	N	达因 千克力 吨力	dyn kgf tf	$1\text{dyn}=10^{-5}\text{N}$ $1\text{kgf}=9.80665\text{N}$ $1\text{tf}=9.80665\times10^3\text{N}$
力矩	牛[顿]米	N·m	千克力米	kgf·m	$1\text{kgf·m}=9.80665\text{N·m}$
压力、压强	帕[斯卡]	Pa	巴 标准大气压 约定毫米汞柱 工程大气压	bar atm mmHg at(kgf/cm²)	$1\text{bar}=0.1\text{MPa}$ $=10^5\text{Pa}(1\text{Pa}=1\text{N/m}^2)$ $1\text{atm}=101325\text{Pa}$ $1\text{mmHg}=133.3224\text{Pa}$ $1\text{at}=1\text{kgf/cm}^2$ $=9.80665\times10^4\text{Pa}$
应力			千克力每平方毫米	kgf/mm²	$1\text{kgf/mm}^2=9.80665\times10^6\text{Pa}$
[动力]黏度	帕[斯卡]秒	Pa·s	泊	P	$1\text{P}=0.1\text{Pa·s}$
运行黏度	二次方米每秒	m^2/s	斯[托克斯]	St	$1\text{St}=1\text{cm}^2/\text{s}=10^{-4}\text{m}^2/\text{s}$
能[量]，功热量	焦[耳]	J	千克力米 尔格 热化学卡	kgf·m erg cal$_{th}$	$1\text{kgf·m}=9.80665\text{J}$ $1\text{erg}=10^{-7}\text{J}$ $1\text{cal}_{th}=4.1840\text{J}$
功率	瓦[特]	W	[米制]马力		$1[\text{米制}]\text{马力}=735.49875\text{W}$
比热容	焦[耳]每千克开[尔文]	J/(kg·K)			
传热系数	瓦[特]每平方米开[尔文]	W/(m²·K)			
热导率(导热系数)	瓦[特]每米开[尔文]	W/(m·K)			

表 8-4　普通螺纹收尾、肩距、退刀槽、倒角　　　　　　　　　　单位：mm

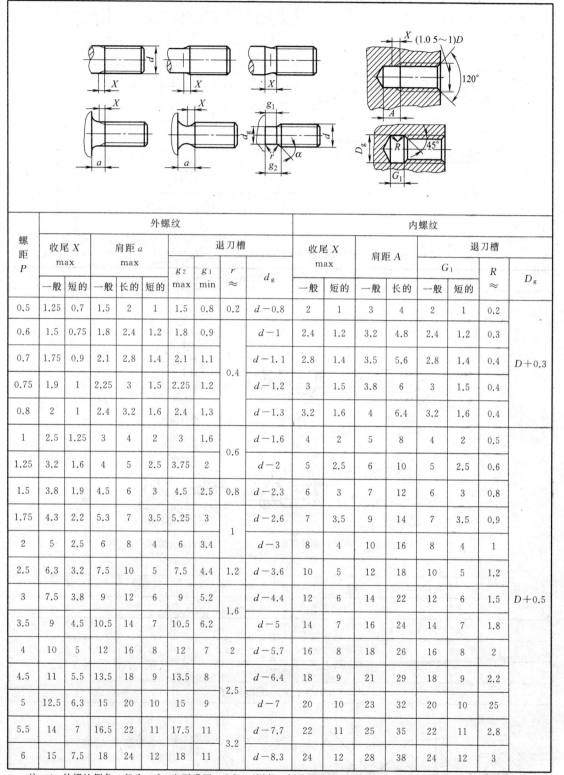

螺距 P	外螺纹 收尾 X max 一般	短的	肩距 a max 一般	长的	短的	退刀槽 g2 max	g1 min	r ≈	dg	内螺纹 收尾 X max 一般	短的	肩距 A 一般	长的	退刀槽 G1 一般	短的	R ≈	Dg
0.5	1.25	0.7	1.5	2	1	1.5	0.8	0.2	$d-0.8$	2	1	3	4	2	1	0.2	$D+0.3$
0.6	1.5	0.75	1.8	2.4	1.2	1.8	0.9		$d-1$	2.4	1.2	3.2	4.8	2.4	1.2	0.3	
0.7	1.75	0.9	2.1	2.8	1.4	2.1	1.1	0.4	$d-1.1$	2.8	1.4	3.5	5.6	2.8	1.4	0.4	
0.75	1.9	1	2.25	3	1.5	2.25	1.2		$d-1.2$	3	1.5	3.8	6	3	1.5	0.4	
0.8	2	1	2.4	3.2	1.6	2.4	1.3		$d-1.3$	3.2	1.6	4	6.4	3.2	1.6	0.4	
1	2.5	1.25	3	4	2	3	1.6	0.6	$d-1.6$	4	2	5	8	4	2	0.5	
1.25	3.2	1.6	4	5	2.5	3.75	2		$d-2$	5	2.5	6	10	5	2.5	0.6	
1.5	3.8	1.9	4.5	6	3	4.5	2.5	0.8	$d-2.3$	6	3	7	12	6	3	0.8	
1.75	4.3	2.2	5.3	7	3.5	5.25	3	1	$d-2.6$	7	3.5	9	14	7	3.5	0.9	
2	5	2.5	6	8	4	6	3.4		$d-3$	8	4	10	16	8	4	1	
2.5	6.3	3.2	7.5	10	5	7.5	4.4	1.2	$d-3.6$	10	5	12	18	10	5	1.2	
3	7.5	3.8	9	12	6	9	5.2	1.6	$d-4.4$	12	6	14	22	12	6	1.5	$D+0.5$
3.5	9	4.5	10.5	14	7	10.5	6.2		$d-5$	14	7	16	24	14	7	1.8	
4	10	5	12	16	8	12	7	2	$d-5.7$	16	8	18	26	16	8	2	
4.5	11	5.5	13.5	18	9	13.5	8		$d-6.4$	18	9	21	29	18	9	2.2	
5	12.5	6.3	15	20	10	15	9	2.5	$d-7$	20	10	23	32	20	10	25	
5.5	14	7	16.5	22	11	17.5	11		$d-7.7$	22	11	25	35	22	11	2.8	
6	15	7.5	18	24	12	18	11	3.2	$d-8.3$	24	12	28	38	24	12	3	

注：1. 外螺纹倒角一般为 45°，也可采用 60°或 30°倒角；倒角深度应大于或等于牙型高度，过渡角 α 应不小于 30°。内螺纹入口端面的倒角一般为 120°，也可采用 90°倒角。端面倒角直径为（1.05～1）D（D 为螺纹公称直径）。

2. 应优先选用"一般"长度的收尾和肩距。

表 8-5　单头梯形外螺纹与内螺纹的退刀槽　　　　　　　　单位：mm

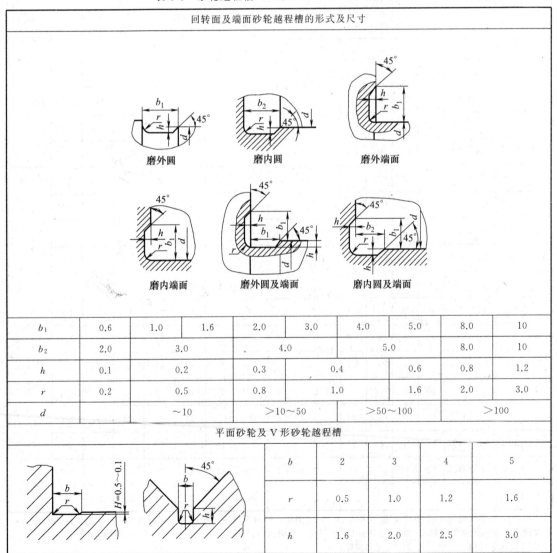

P	$b=b_1$	d_2	d_3	$r=r_1$	$C=C_1$
2	2.5	$d-3$	$d+1$	1	1.5
3	4	$d-4$			2
4	5	$d-5.1$	$d+1.1$	1.5	2.5
5	6.5	$d-6.6$	$d+1.6$		3
6	7.5	$d-7.8$	$d+1.8$	2	3.5
8	10	$d-9.8$		2.5	4.5
10	12.5	$d-12$	$d+2$	3	5.5
12	15	$d-14$			6.5
16	20	$d-19.2$	$d+3.2$	4	9
20	24	$d-23.5$	$d+3.5$	5	11

表 8-6　砂轮越程槽（GB/T 6403.5—2008 摘录）　　　　　　单位：mm

回转面及端面砂轮越程槽的形式及尺寸

磨外圆　　磨内圆　　磨外端面

磨内端面　　磨外圆及端面　　磨内圆及端面

b_1	0.6	1.0	1.6	2.0	3.0	4.0	5.0	8.0	10
b_2	2.0	3.0		4.0		5.0		8.0	10
h	0.1	0.2		0.3		0.4	0.6	0.8	1.2
r	0.2	0.5		0.8		1.0	1.6	2.0	3.0
d	~10			>10~50		>50~100		>100	

平面砂轮及 V 形砂轮越程槽				
b	2	3	4	5
r	0.5	1.0	1.2	1.6
h	1.6	2.0	2.5	3.0

表 8-7　标准尺寸（直径、长度、高度等）（GB/T 2822—2005 摘录）　　单位：mm

R			R′			R			R′		
R10	R20	R40	R′10	R′20	R′40	R10	R20	R40	R′10	R′20	R′40
2.50	2.50		2.5	2.5				106			105
	2.80			2.8			112	112		110	110
3.15	3.15		3.0	3.0				118			120
	3.55			3.5		125	125	125	125	125	125
4.00	4.00		4.0	4.0				132			130
	4.50			4.5			140	140		140	140
5.00	5.00		5.0	5.0				150			150
	5.60			5.5		160	160	160	160	160	160
6.30	6.30		6.0	6.0				170			170
	7.10			7.0			180	180		180	180
8.00	8.00		8.0	8.0				190			190
	9.00			9.0		200	200	200	200	200	200
10.0	10.0		10.0	10.0				212			210
	11.2			11			224	224		220	220
12.5	12.5	12.5	12	12	12			236			240
		13.2			13	250	250	250		250	250
	14.0	14.0		14	11			265			260
		15.0			15		280	280		280	280
16.0	16.0	16.0	16	16	16			300			300
		17.0			17	315	315	315	320	320	320
	18.0	18.0		18	18			335			310
		19.0			19		355	355			360
20.0	20.0	20.0	20	20	20			375			380
		21.2			21	400	400	400	400	400	400
	22.4	22.4		22	22			425			420
		23.6			24		450	450		450	450
25.0	25.0	25.0	25	25	25			475			480
		26.5			26	500	500	500	500	500	500
	28.0	28.0		28	28			530			530
		30.0			30		560	560		560	560
31.5	31.5	31.5	32	32	32			600			600
		33.5			34	630	630	630	630	630	630
	35.5	35.5		36	36			670			670
		37.5			38		710	710		710	710
40.0	40.0	40.0	40	40	40			750			750
		42.5			42	800	800	800	800	800	800
	45.0	45.0		45	45			850			850
		47.5			48		900	900		900	900
50.0	50.0	50.0	50	50	50			950			950
		53.0			53	1000	1000	1000	1000	1000	1000
	56.0	56.0		56	56			1060			1060
		60.0			60		1120	1120			
63.0	63.0	63.0	63	63	63			1180			
		67.0			67	1250	1250	1250			
	71.0	71.0		71	71			1320			
		75.0			75		1400	1400			
80.0	80.0	80.0	80	80	80			1500			
		85.0			85	1600	1600	1600			
	90.0	90.0		90	90			1700			
		95.0			95		1800	1800			
100	100	100	100	100	100			1900			

注：1. 选择系列及单个尺寸时，应首先在优先数系 R 系列中选用标准尺寸，选用顺序为：R10、R20、R40。如果必须将数值圆整，可在相应的 R′ 系列中选用标准尺寸。

2. 本标准适用于机械制造业中有互换性或系列化要求的主要尺寸，其他结构尺寸也应尽量采用。对于由主要尺寸导出的因变量尺寸和工艺上工序间的尺寸，不受本标准限制。对已有专用标准规定的尺寸，可按专用标准选用。

表 8-8　中心孔表示法（GB/T 4459.5—1999 摘录）

标注示例	解释	标注示例	解释
GB/T 4459.5－B3.15/10	要做出 B 型中心孔 $D=3.15mm$，$D_1=10mm$ 在完整的零件上要求保留中心孔	GB/T 4459.5－A4/8.5	用 A 型中心孔 $D=4mm$，$D_1=8.5mm$ 在完工的零件上不允许保留中心孔
GB/T 4459.5－A4/8.5	用 A 型中心孔 $D=4mm$，$D_1=8.5mm$ 在完工的零件上是否保留中心孔都可以	2×GB/T 4459.5－B3.15/10	同一轴的两端中心孔相同，可只在其一端标注，但应注出数量

表 8-9　中心孔（GB/T 145—2001）　　　　　　　　　单位：mm

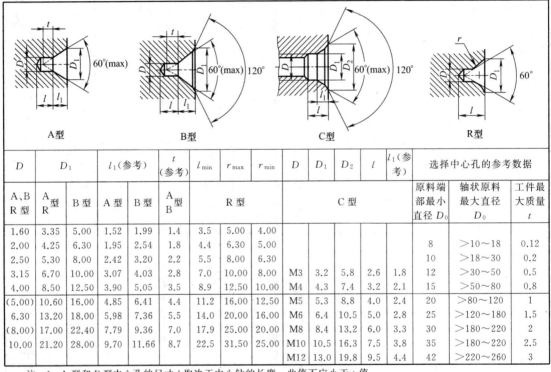

A 型　　　　B 型　　　　C 型　　　　R 型

D	D₁		l₁（参考）		t（参考）	l_min	r_max	r_min	D	D₁	D₂	l	l₁（参考）	\multicolumn{3}{选择中心孔的参考数据}

D	D₁		l₁（参考）		t（参考）	l_min	r_max	r_min	D	D₁	D₂	l	l₁（参考）	原料端部最小直径 D₀	轴状原料最大直径 D₀	工件最大质量 t
A、B R 型	A 型 R	B 型	A 型	B 型	A 型 B	R 型			C 型							
1.60	3.35	5.00	1.52	1.99	1.4	3.5	5.00	4.00							>10~18	0.12
2.00	4.25	6.30	1.95	2.54	1.8	4.4	6.30	5.00						8	>18~30	0.2
2.50	5.30	8.00	2.42	3.20	2.2	5.5	8.00	6.30						10	>30~50	0.5
3.15	6.70	10.00	3.07	4.03	2.8	7.0	10.00	8.00	M3	3.2	5.8	2.6	1.8	12	>50~80	0.8
4.00	8.50	12.50	3.90	5.05	3.5	8.9	12.50	10.00	M4	4.3	7.4	3.2	2.1	15	>80~120	1
(5.00)	10.60	16.00	4.85	6.41	4.4	11.2	16.00	12.50	M5	5.3	8.8	4.0	2.4	20	>120~180	1.5
6.30	13.20	18.00	5.98	7.36	5.5	14.0	20.00	16.00	M6	6.4	10.5	5.0	2.8	25	>180~220	2
(8.00)	17.00	22.40	7.79	9.36	7.0	17.9	25.00	20.00	M8	8.4	13.2	6.0	3.3	30	>180~220	2.5
10.00	21.20	28.00	9.70	11.66	8.7	22.5	31.50	25.00	M10	10.5	16.3	7.5	3.8	35	>220~260	3
									M12	13.0	19.8	9.5	4.4	42		

注：1. A 型和 B 型中心孔的尺寸 l 取决于中心钻的长度，此值不应小于 t 值。

2. 括号内的尺寸尽量不采用。

3. 选择中心孔的参考数据不属 GB/T 145—2001 内容，仅供参考。

表 8-10　零件倒圆与倒角（GB/T 6403.3—2008 摘录）　　　　　　单位：mm

倒圆、倒角形式	倒圆、倒角（45°）的四种装配形式

续表

倒圆、倒角尺寸													
R 或 C	0.1	0.2	0.3	0.4	0.5	0.6	0.8	1.0	1.2	1.6	2.0	2.5	3.0
	4.0	5.0	6.0	8.0	10	12	16	20	25	32	40	50	—
与直径 ϕ 相应的倒角 C、倒圆 R 的推荐值													
ϕ	~3	>3 ~6	>6 ~10	>10 ~18	>18 ~30	>30 ~50	>50 ~80	>80 ~120	>120 ~180	>180 ~250	>250 ~320	>320 ~400	>400 ~500	>500 ~630	>630 ~800	>800 ~1000
C 或 R	0.2	0.4	0.6	0.8	1.0	1.6	2.0	2.5	3.0	4.0	5.0	6.0	8.0	10	12	16

内角倒角，外角倒圆时 C_{max} 与 R_1 的关系																			
R_1	0.1	0.2	0.3	0.4	0.5	0.6	0.8	1.0	1.2	1.6	2.0	2.5	3.0	4.0	5.0	6.0	8.0	10	12	16	20	25
C_{max} ($C<0.58R_1$)	—	0.1		0.2		0.3	0.4	0.5	0.6	0.8	1.0	1.2	1.6	2.0	2.5	3.0	4.0	5.0	6.0	8.0	10	12

注：α 一般采用 45°，也可采用 30°或 60°。

表 8-11　圆形零件自由表面过渡圆角（参考）　　　　单位：mm

$D-d$	2	5	8	10	15	20	25	30	35	40
R	1	2	3	4	5	8	10	12	12	16
$D-d$	50	55	65	70	90	100	130	140	170	180
R	16	20	20	25	25	30	30	40	40	50

注：尺寸 $D-d$ 是表中数值的中间值时，则按较小尺寸来选取 R。例：$D-d=98$mm，则按 90mm 选 $R=25$mm。

表 8-12　圆柱形轴伸（GB/T 1569—2005 摘录）　　　　单位：mm

d	L	
	长系列	短系列
12,14	30	25
16,18,19	40	28
20,22,24	50	36
25,28	60	42
30,32,35,38	80	58
40,42,45,48,50,55,56	110	82
60,63,65,70,71,75	140	105
80,85,90,95	170	130
100,110,120,125	210	165
130,140,150	250	200
160,170,180	300	240
190,200,220	350	280
400,420,440,450,460,480,500	650	540
530,560,600,630	800	680

d 的极限偏差			
d	6~30	32~50	55~630
极限偏差	j6	k6	m6

表 8-13　机器轴高（GB/T 12217—2005 摘录）　　　　单位：mm

系列	轴高的基本尺寸 h
I	25,40,63,100,160,250,400,630,1000,1600

续表

系列	轴高的基本尺寸 h
Ⅱ	25,32,40,50,63,80,100,125,160,200,250,315,400,500,630,800,1000,1250,1600
Ⅲ	25,28,32,36,40,45,50,56,63,71,80,90,100,112,125,140,160,180,200,225,250,280,315,355,400,450,500,560,630,710,800,900,1000,1120,1250,1400,1600
Ⅳ	25,26,28,30,32,34,36,38,40,42,45,48,50,53,56,60,63,67,71,75,80,85,90,95,100,105,112,118,125,132,140,150,160,170,180,190,200,212,225,236,250,265,280,300,315,335,355,375,400,425,450,475,500,530,560,600,630,670,710,750,800,850,900,950,1000,1060,1120,1180,1250,1320,1400,1500,1600

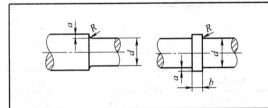

轴高 h	轴高的极限偏差		平行度公差		
	电动机、从动机器、减速器等	除电动机以外的主动机器	$L<2.5h$	$2.5h \leqslant L \leqslant 4h$	$L>4h$
>50~250	0 −0.5	+0.5 0	0.25	0.4	0.5
>250~630	0 −1.0	+1.0 0	0.5	0.75	1.0
>630~1000	0 −1.5	+1.5 0	0.75	1.0	1.5
>1000	0 −2.0	+2.0 0	1.0	1.5	2.0

注：1. 机器轴高应优先选用第Ⅰ系列数值，如不能满足需要时，可选用第Ⅱ系列数值，其次选用第Ⅲ系列数值，尽量不采用第Ⅳ系列数值。

2. h 不包括安装时所用的垫片，L 为轴的全长。

表 8-14 轴肩和轴环尺寸（参考）　　　　　　　　单位：mm

$a=(0.07\sim0.1)d$
$b\approx1.4a$
定位用 $a>R$
R——倒圆半径,见表 8-10

表 8-15 铸件最小壁厚（不小于）　　　　　　　　单位：mm

铸造方法	铸件尺寸	铸钢	灰铸铁	球墨铸铁	可锻铸铁	铝合金	铜合金
砂型	>200×200	8	~6	6	5	3	3~5
	>200×200~500×500	10~12	>6~10	12	8	4	6~8
	>500×500	15~20	15~20			6	

表 8-16 铸造斜度（参考）

斜度 $b:h$	角度 β	使用范围
1：5	11°30′	$h<25mm$ 的钢和铸铁
1：10 1：20	5°30′ 3°	h 在 5~500mm 时的钢和铸铁件
1：50	1°	$h>500mm$ 时的钢和铸铁
1：100	30′	非铁金属铸件

注：当设计不同壁厚的铸件时，在转折点处的斜角最大还可增大到 30°~45°。

表 8-17　铸造过渡斜度（参考）　　　　　　　　　　　　单位：mm

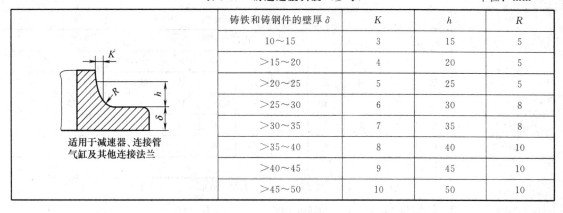

适用于减速器、连接管
气缸及其他连接法兰

铸铁和铸钢件的壁厚 δ	K	h	R
10～15	3	15	5
>15～20	4	20	5
>20～25	5	25	5
>25～30	6	30	8
>30～35	7	35	8
>35～40	8	40	10
>40～45	9	45	10
>45～50	10	50	10

表 8-18　铸造外圆角（参考）

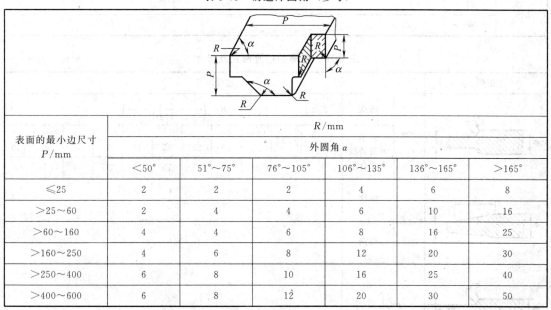

表面的最小边尺寸 P/mm	R/mm 外圆角 α					
	<50°	51°～75°	76°～105°	106°～135°	136°～165°	>165°
≤25	2	2	2	4	6	8
>25～60	2	4	4	6	10	16
>60～160	4	4	6	8	16	25
>160～250	4	6	8	12	20	30
>250～400	6	8	10	16	25	40
>400～600	6	8	12	20	30	50

表 8-19　铸造内圆角（参考）

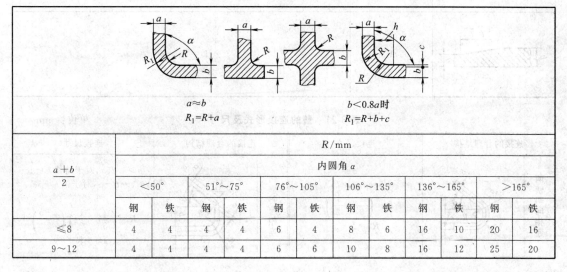

$a \approx b$
$R_1 = R + a$

$b < 0.8a$ 时
$R_1 = R + b + c$

$\dfrac{a+b}{2}$	R/mm 内圆角 α											
	<50°		51°～75°		76°～105°		106°～135°		136°～165°		>165°	
	钢	铁	钢	铁	钢	铁	钢	铁	钢	铁	钢	铁
≤8	4	4	4	4	6	4	8	6	16	10	20	16
9～12	4	4	4	4	6	6	10	8	16	12	25	20

续表

$\dfrac{a+b}{2}$	R/mm											
	内圆角 α											
	<50°		51°~75°		76°~105°		106°~135°		136°~165°		>165°	
	钢	铁	钢	铁	钢	铁	钢	铁	钢	铁	钢	铁
13~16	4	4	6	4	8	6	12	10	20	16	30	25
17~20	6	4	8	6	10	8	16	12	25	20	40	30
21~27	6	6	10	8	12	10	20	16	30	25	50	40

	c 和 h/mm			
b/a	<0.4	0.5~0.65	0.66~0.8	>0.8
$c\approx$	$0.7(a-b)$	$0.8(a-b)$	$(a-b)$	—
$h\approx$ 钢	$8c$			
$h\approx$ 铁	$9c$			

表 8-20　壁厚的过渡形式及尺寸　　　　　　　　单位：mm

图例	过渡尺寸										
$b\leqslant 2a$	铸铁	$R\geqslant\left(\dfrac{1}{3}\sim\dfrac{1}{2}\right)\left(\dfrac{a+b}{2}\right)$									
	铸钢 可锻铸铁 非铁合金	$\dfrac{a+b}{2}$	<12	12~16	16~20	20~27	27~35	35~45	45~60	60~80	80~110	110~150
		R	6	8	10	12	15	20	25	30	35	40
$b>2a$	铸铁	$L\geqslant 4(b-a)$									
	铸钢	$L\geqslant 5(b-a)$									
$b\leqslant 1.5a$	$R\geqslant\dfrac{2a+b}{2}$										
$b>1.5a$	$L=4(a-b)$										

表 8-21　壁的连接形式及尺寸　　　　　　　　单位：mm

连接的合理结构		连接尺寸	连接的合理结构		连接尺寸
两壁斜向相连		$b=a,a>75°$ $R=\left(\dfrac{1}{3}\sim\dfrac{1}{2}\right)a$ $R_1=R+a$	两壁斜向相连		$b>1.25a$，对于铸铁 $h=4c$ $c=b-a$，对于钢 $h=5c$ $\alpha<75°$ $R=\left(\dfrac{1}{3}\sim\dfrac{1}{2}\right)\left(\dfrac{a+b}{2}\right)$ $R_1=R+b$

续表

连接的合理结构		连接尺寸	连接的合理结构		连接尺寸
两壁斜向相连	（图）	$b\approx1.25a$，$\alpha<75°$ $R=\left(\dfrac{1}{3}\sim\dfrac{1}{2}\right)\left(\dfrac{a+b}{2}\right)$ $R_1=R+b$	两壁垂直相连	（图） $a<b<2a$时	$R\geqslant\left(\dfrac{1}{3}\sim\dfrac{1}{2}\right)\left(\dfrac{a+b}{2}\right)$ $R_1\geqslant R+\dfrac{a+b}{2}$
	（图）	$b\approx1.25a$，对于铸铁 $h\approx8c$ $c=\dfrac{b-a}{2}$，对于钢 $h\approx10c$ $\alpha<75°$ $R=\left(\dfrac{1}{3}\sim\dfrac{1}{2}\right)\left(\dfrac{a+b}{2}\right)$ $R_1=\dfrac{a+b}{2}+R$		（图） 壁厚$b>2a$时	$a+c\leqslant b$，$c\approx3\sqrt{b-a}$ 对于铸铁 $h\geqslant4c$ 对于钢 $h\geqslant5c$ $R\geqslant\left(\dfrac{1}{3}\sim\dfrac{1}{2}\right)\left(\dfrac{a+b}{2}\right)$ $R_1\geqslant R+\dfrac{a+b}{2}$
两壁垂直相连	（图） 三壁厚相等时	$R=\left(\dfrac{1}{3}\sim\dfrac{1}{2}\right)a$	其他	（图） D与d相差不多	$\alpha<90°$ $r=1.5d$ （不小于25mm） $R=r+d$ 或 $R=1.5r+d$
	（图） 壁厚$b>a$时	$a+c\leqslant b$，$c\approx3\sqrt{b-a}$ 对于铸铁 $h\geqslant4c$ 对于钢 $h\geqslant5c$ $R\geqslant\left(\dfrac{1}{3}\sim\dfrac{1}{2}\right)\left(\dfrac{a+b}{2}\right)$		（图） D比d大得多	$\alpha<90°$ $r=\dfrac{D+d}{2}$ （不小于25mm） $R=r+d$ $R=r+D$
	（图） 壁厚$b<a$时	$b+2c\leqslant a$，$c\approx1.5\sqrt{a-b}$ 对于铸铁 $h\geqslant8c$ 对于钢 $h\geqslant10c$ $R\geqslant\left(\dfrac{1}{3}\sim\dfrac{1}{2}\right)\left(\dfrac{a+b}{2}\right)$		（图）	$L>3a$
	（图） 两壁厚相等时	$R\geqslant\left(\dfrac{1}{3}\sim\dfrac{1}{2}\right)a$ $R_1\geqslant R+a$			

注：1. 圆角标准整数系列（单位：mm）：2、4、6、8、10、12、16、20、25、30、35、40、50、60、80、100。
2. 当壁厚大于20mm时，R 取系数中的小值。

第二节 金属材料

金属材料的常用标准和规范见表 8-22～表 8-29。

表 8-22 常用热处理和表面处理的方法、应用及代号

类别	名称	说 明	应 用
钢的常用热处理方法及应用	退火 （焖火）	退火是将钢件（或钢坯）加热到临界温度以上 30～50℃，保温一段时间，然后再缓慢地冷却下来（一般用炉冷）	消除铸、锻、焊零件的应力，降低硬度，以易于切削加工，细化金属晶粒，改善组织，增加韧度
	正火 （正常化）	正火是将钢件加热到临界温度以上，保温一段时间，然后用空气冷却，冷却速度比退火快（≈100℃/min）	处理低碳和中碳结构钢材及渗碳零件，使其组织细化，增加强度及韧度，减少应力，改善切削性能
	淬火	淬火是将钢件加热到临界点以上温度，保温一段时间，然后放入水、盐水或油（个别材料在空气）中急剧冷却，使其得到高硬度	提高钢的硬度和强度极限。但淬火时会引起应力变化使钢变脆，所以淬火后必须回火
	回火	回火是将淬硬的钢件加热到临界点以下的温度，保温一段时间，然后在空气中或油中冷却下来	消除淬火后的脆性和应力，提高钢的塑性和冲击韧度
	调质	淬火后高温回火	使钢获得高的韧度和足够的强度，很多重要零件是经过调质处理的
	表面淬火	使零件表层有高的硬度和耐磨性，而心部保持原有的强度和韧度	常用来处理轮齿的表面
	时效	将钢加热至 120～130℃，长时间保温后，随炉或取出在空气中冷却	消除或减小淬火后的微观应力，防止变形和开裂，稳定工件形状及尺寸以及消除机械加工的残余应力
钢的化学热处理方法及应用	渗碳	使表面增碳渗层深度为 0.4～6mm 或大于 6mm。硬度为 56～65HRC	增加钢件的耐磨性能、表面硬度、抗拉强度及疲劳极限。适用于低碳、中碳（$w_C<0.40\%$）结构钢的中小型零件和大型的重载荷、受冲击、耐磨的零件
	液体碳氮共渗	使表面增加碳与氮。扩散层深度较浅，为 0.02～3.0mm；在共渗层为 0.02～0.04mm 时具有 66～70HRC	增加结构钢、工具钢制件的耐磨性能、表面硬度和疲劳极限，提高刀具的切削性能和使用寿命，适用于要求硬度高、耐磨的中小型及薄片的零件和刀具等
	渗氮	表面增氮，氮化层为 0.025～0.8mm，而渗氮时间需 40～50h，硬度很高（1200HV），耐磨、抗蚀性能高	增加钢件的耐磨性能、表面硬度、疲劳极限和抗蚀能力，适用于结构钢和铸铁件，如气缸套、气门座、机床主轴、丝杠等耐磨零件，以及在潮湿碱水和燃烧气体介质的环境中工作的零件，如水泵轴、排气阀等零件

类别	热处理方法	代号	标 注 举 例
热处理方法代号	退火	Th 5111	—
	正火	Z 5121	—
	调质	T 5151	T235——调质至 220～240HBS
	淬火	C 5131	C48——淬火回火，硬度为 40～50HRC

续表

类别	热处理方法	代号	标 注 举 例
热处理方法代号	油冷淬火	Y 5131/e	Y35——油冷淬火回火,硬度为30~40HRC
	高频感应加热淬火	G 5132	G52——高频感应加热淬火回火,硬度为50~55HRC
	调质高频感应加热淬火	T-G	T-G54——调质后高频感应加热淬火回火,硬度为52~58HRC
	回火	5141	
	火焰淬火	H	H54——火焰加热淬火回火,硬度为52~58HRC
	液体碳氮共渗	Q	Q59——液体碳氮共渗淬火回火,硬度为56~62HRC
	渗氮	D 5336	D0.3-900——渗氮深度至0.3mm,硬度大于850HV
	渗碳淬火	S-C	S0.5-C59——渗碳层深度为0.5mm,淬火后回火,硬度为56~62HRC
	渗碳高频感应加热淬火	S-G	S0.8-G59——渗碳层深度为0.8mm,高频感应加热淬火回火,硬度为56~62HRC

注:数字代号按GB/T 12603—2005规定。

表8-23 灰铸件(GB/T 9439—2010摘录)

牌 号	铸件壁厚/mm		最小抗拉强度 σ_b/MPa	硬度/HBW	应 用 举 例
	大于	至			
HT100	2.5	10	130	110~166	盖、外罩、油盘、手轮、手把、支架等
	10	20	100	93~140	
	20	30	90	87~131	
	30	50	80	82~122	
HT150	2.5	10	175	137~205	端盖、汽轮泵体、轴承座、阀壳、管子及管道附件、手轮、一般机床底座、床身及其他复杂零件、滑座、工作台等
	10	20	145	119~179	
	20	30	130	110~166	
	30	50	120	141~157	
HT200	2.5	10	220	157~236	气缸、齿轮、底架、箱体、飞轮、齿条、衬筒、一般机床铸有导轨的床身及中等压力(8MPa以下)油缸、液压泵和阀的壳体等
	10	20	195	148~222	
	20	30	170	134~200	
	30	50	160	128~192	
HT250	4.0	10	270	175~262	阀壳、油缸、气缸、联轴器、箱体、齿轮、齿轮箱外壳、飞轮、衬筒、凸轮、轴承座等
	10	20	240	164~246	
	20	30	220	157~236	
	30	50	200	150~225	
HT300	10	20	290	182~272	齿轮、凸轮、车床卡盘、剪床、压力机的机身、导板、转塔自动车床及其他重载荷机床铸有导轨的床身、高压油缸、液压泵和滑阀的壳体等
	20	30	250	168~251	
	30	50	230	161~241	
HT350	10	20	340	199~299	
	20	30	290	182~272	
	30	50	260	171~257	

注:灰铸铁的硬度由经验关系式计算:当 $\sigma_b \geqslant 196$MPa 时,HBW = RH$(100+0.438\sigma_b)$;当 $\sigma_b < 196$MPa 时,HBW = RH$(44+0.724\sigma_b)$,RH 一般取 0.80~1.20。

表 8-24　球墨铸铁（GB/T 1348—2009 摘录）

牌　号	抗拉强度 R_m	屈服强度 $R_{p0.2}$	伸长率 δ	供参考	用　　途
	MPa		%	布氏硬度 /HBW	
	最小值				
QT400-18	400	250	18	120～175	减速器箱体、管道、阀体、阀盖、压缩机气缸、拨叉、离合器壳等
QT400-15	400	250	15	120～175	
QT450-10	450	310	10	160～210	油泵齿轮、阀门体、车辆轴瓦、凸轮、犁铧、减速器箱体、轴承座等
QT500-7	500	320	7	170～230	
QT600-3	600	370	3	190～270	曲轴、凸轮轴、齿轮轴、机床主轴、缸体、缸套、连杆、矿车轮、农机零件等
QT700-2	700	420	2	225～305	
QT800-2	800	480	2	245～335	
QT900-2	900	600	2	280～360	曲轴、凸轮轴、连杆、履带式拖拉机链轨板等

注：表中牌号系由单铸试块测定的性能。

表 8-25　一般工程用铸造碳钢（GB/T 11352—2009 摘录）

牌号	抗拉强度 σ_b	屈服强度 σ_s 或 $\sigma_{0.2}$	伸长率 δ	根据合同选择		硬度		应用举例
				收缩率 ψ	冲击功 A_{KV}	正火回火 /HBW	表面淬火 /HRC	
	MPa		%		J			
	最小值							
ZG200-400	400	200	25	40	30			各种形状的机件，如机座、变速箱壳等
ZG230-450	450	230	22	32	25	≥131		铸造平坦的零件，如机座、机盖、箱体、铁砧台，工作温度在 450℃ 以下的管道附件等。焊接性良好
ZG270-500	500	270	18	25	22	≥143	40～45	各种形状的机件，如飞轮、机架、蒸汽锤、桩锤、联轴器、水压机工作缸、横梁等。焊接性尚可
ZG310-570	570	310	15	21	15	≥153	40～50	各种形状的机件，如联轴器、气缸、齿轮、齿轮圈及重载荷机架等
ZG340-640	640	340	10	18	10	169～229	45～55	起重运输机中的齿轮、联轴器及重要的机件等

注：1. 各牌号铸钢的性能，适用于厚度为 100mm 以下的铸件。当厚度超过 100mm 时，仅表中规定的屈服强度 $\sigma_{0.2}$ 可供设计使用。

2. 表中力学性能的试验环境温度为 20℃±10℃。

3. 表中硬度值非 GB/T 11352—2009 内容，仅供参考。

表 8-26　普通碳素结构钢（GB/T 700—2006 摘录）

牌号	等级	屈服强度 σ_s/MPa						抗拉强度 σ_b/MPa	伸长率 δ_5/%					冲击试验（V形缺口）		应用举例
		钢材厚度（直径）/mm							钢材厚度（直径）/mm					温度/℃	冲击功（纵向）/J	
		≤16	16~40	40~60	60~100	100~150	>150		≤40	40~60	60~100	100~150	>150			
		不小于							不小于						不小于	
Q195	—	195	185	—	—	—	—	315~430	33							塑性好，常用其轧制薄板、拉制线材、制订和焊接钢管
Q215	A	215	205	195	185	175	165	335~450	31	30	29	27	26	—	—	金属结构件、拉杆、套圈、铆钉、螺栓、短轴、心轴、凸轮（载荷不大的）、垫圈、渗碳零件及焊接件
	B													20	27	
Q235	A	235	225	215	205	195	185	375~500	26	25	24	22	21	—	—	金属结构构件，心部强度要求不高的渗碳或碳氮共渗零件、吊钩、拉杆、套圈、气缸、齿轮、螺栓、螺母、连杆、轮轴、楔、盖及焊接件
	B													20	27	
	C													0		
	D													−20		
Q275	A	275	265	255	245	225	215	410~540	22	20	20	18	17	—	—	轴、轴销、刹车杆、螺母、螺栓、垫圈、连杆、齿轮以及其他强度较高的零件，焊接性尚可
	B													20	27	
	C													0		
	D													−20		

表 8-27　优质碳素结构钢（GB/T 699—1999 摘录）

牌号	推荐热处理的温度/℃			力学性能					钢材交货状态硬度/HBW		应用举例
	正火	淬火	回火	试样毛坯尺寸/mm	抗拉强度 R_m	屈服强度 σ_s	伸长率 δ_5	收缩率 ψ	冲击功 A_{KV}	不大于	
										未热处理钢	退火钢	
					MPa		%		J			
					不小于							
08F	930			25	295	175	35	60		131		用于需塑性好的零件，如管子、垫片、垫圈；心部强度要求不高的渗碳和碳氮共渗零件，如套筒、短轴、挡块、支架、靠模、离合器盘
10	930			25	335	205	31	55		137		用于制造拉杆、卡头、钢管垫片、垫圈、铆钉。这种钢无回火脆性，焊接性好，用来制造焊接零件

续表

牌号	推荐热处理的温度/℃			试样毛坯尺寸/mm	力学性能					钢材交货状态硬度/HBW 不大于		应用举例
	正火	淬火	回火		抗拉强度 R_m	屈服强度 σ_s	伸长率 δ_5	收缩率 ψ	冲击功 A_{KV}	未热处理钢	退火钢	
					MPa		%		J			
					不小于							
15	920			25	375	225	27	55		143		用于受力不大、韧性要求较高的零件、渗碳零件、紧固件、冲模锻件及不需要热处理的低载荷零件,如螺栓、螺钉、拉条、法兰盘及化工贮器;蒸汽锅炉
20	910			25	410	245	25	55		156		用于不经受很大应力而要求很大韧性的机械零件,如杠杆、轴套、螺钉、起重钩等。也用于制造压力小于6MPa、温度小于450℃、在非腐蚀介质中使用的零件,如管子、导管等。还可用于表面硬度高而心部强度要求不大的渗碳与碳氮共渗零件
25	900	870	600	25	450	275	23	50	71	170		用于制造焊接设备以及经锻造、热冲压和机械加工的不承受高应力的零件,如轴、辊子、联轴器、垫圈、螺栓、螺钉及螺母
35	870	850	600	25	530	315	20	45	55	197		用于制造曲轴、转轴、轴销、杠杆、连杆、横梁、链轮、圆盘、套筒钩环、垫圈、螺钉、螺母。这种钢多在正火和调质状态下使用,一般不作焊接用
40	860	840	600	25	570	335	19	45	47	217	187	用于制造辊子、轴、曲柄销、活塞杆、圆盘
45	850	840	600	25	600	355	16	40	39	229	197	用于制造齿轮、齿条、链轮、轴、键、销、蒸汽透平机的叶轮、压缩机及泵的零件、轧辊等。可代替渗碳钢做齿轮、轴、活塞销等,但要经高频或火焰表面淬火
50	830	830	600	25	630	375	14	40	31	241	207	用于制造齿轮、拉杆、轧辊、轴、圆盘
55	820	820	600	25	645	380	13	35		255	217	用于制造齿轮、连杆、轮缘、扁弹簧及轧辊等
60	810			25	675	400	12	35		255	229	用于制造轧辊、轴、轮箍、弹簧、弹簧垫圈、离合器、凸轮、钢绳等
20Mn	910			25	450	275	24	50		197		用于制造凸轮轴、齿轮、联轴器、铰链、拖杆等
30Mn	880	860	600	25	540	315	20	45	63	217	187	用于制造螺栓、螺母、螺钉、杠杆及刹车踏板等

续表

牌号	推荐热处理的温度/℃			试样毛坯尺寸/mm	力学性能					钢材交货状态硬度/HBW 不大于		应 用 举 例
	正火	淬火	回火		抗拉强度 R_m	屈服强度 σ_s	伸长率 δ_5	收缩率 ψ	冲击功 A_{KV}	未热处理钢	退火钢	
					MPa		%		J			
					不小于							
40Mn	860	840	600	25	590	355	17	45	47	229	207	用于制造承受疲劳载荷的零件，如轴、万向联轴器、曲轴、连杆及在高应力下工作的螺栓、螺母等
50Mn	830	830	600	25	645	390	13	40	31	255	217	用于制造耐磨性要求很高、在高载荷作用下的热处理零件，如齿轮、齿轮轴、摩擦盘、凸轮和截面直径在 $\phi80mm$ 以下的心轴等
60Mn	810			25	695	410	11	35		269	229	适用于制造弹簧、弹簧垫圈、弹簧环和片以及冷拔钢丝（≤7mm）和发条

注：表中所列正火推荐保温时间不少于30min，空冷；淬火推荐保温时间不少于30min，水冷；回火推荐保温时间不少于1h。

表 8-28 弹簧钢（GB/T 1222—2007摘录）

牌号	热处理			力学性能					交货状态硬度/HBW 不大于		应 用 举 例
	淬火温度/℃	淬火介质	回火温度/℃	抗拉强度 R_m	屈服强度 R_{eL}	伸长率 δ_5	δ_{10}	收缩率 ψ	热轧	冷拉＋热处理	
				MPa		%					
				不小于							
65	840	油	500	980	785		9	35	285	321	调压、调速弹簧，柱塞弹簧，测力弹簧，一般机械的圆、方螺旋弹簧
70	830		480	1030	835		8	30			
65Mn	830	油	540	980	785		8	30	302	321	小尺寸的扁、圆弹簧，坐垫弹簧，发条，离合器簧片，弹簧环，刹车弹簧
55Si2Mn	870	油	480	1375	1225	6		30	302	321	汽车、拖拉机、机车的减振板簧和螺旋弹簧，气缸安全阀簧，止回阀簧，250℃以下使用的耐热弹簧
55Si2MnB											
60Si2Mn								25	321		
60Si2MnA			440	1570	1375	5		20			
55CrMnA	830～860	油	460～510	1226	1079 ($\sigma_{0.2}$)	9		20	321	321	用于车辆、拖拉机上载荷较重、应力较大的板簧和直径较大的螺旋弹簧
60CrMnA			460～520								
60Si2CrA	870	油	420	1765	1570	6		20	321（热轧＋热处理）	321	用于高应力及温度在300～350℃以下使用的弹簧，如调速器、破碎机、汽轮机汽封用弹簧
60Si2CrVA	850		410	1863	1667						

注：1. 表列性能适用于截面尺寸小于等于80mm的钢材，对大于80mm的钢材允许其 δ、ψ 值较表内规定分别降低1个单位及5个单位。

2. 除规定的热处理上下限外，表中热处理允许偏差为：淬火±20℃，回火±50℃。

表 8-29　合金结构钢（GB/T 3077—1999 摘录）

钢号	热处理				试样毛坯尺寸/mm	力学性能					钢材退火或高温回火供应状态的布氏硬度/HBS	特性及应用举例
	淬火		回火			抗拉强度 σ_b	屈服强度 σ_s	伸长率 δ_5	收缩率 ψ	冲击功 A_{KU}		
	温度/℃	冷却剂	温度/℃	冷却剂		MPa		%		J	不大于	
						$\geqslant$						
20Mn2	850 880	水、油 水、油	200 440	水、空气 水、空气	15	785	590	10	40	47	187	截面小时与20Cr相当，用于做渗碳小齿轮、小轴、钢套、链板等，渗碳淬火后硬度56～62HRC
35Mn2	840	水	500	水	25	835	685	12	45	55	207	对于截面较小的零件可代替40Cr，可做直径小于等于15mm的重要用途的冷镦螺栓及小轴等，表面淬火后硬度40～50HR
45Mn2	840	油	550	水、油	25	885	735	10	45	47	217	用于制造在较高应力与磨损条件下的零件。在直径小于等于60mm时，与40Cr相当。可做万向联轴器、齿轮、齿轮轴、蜗杆、曲轴、连杆、花键轴和摩擦盘等，表面淬火后硬度45～55HR
35SiMn	900	水	570	水、油	25	885	735	15	45	47	229	除了要求低温（-20℃以下）用冲击韧性很高的情况外，可全面代替40Cr作调质钢，亦可部分代替40CrNi，可做中小型轴类、齿轮等零件以及在430℃以下工作的重要紧固件，表面淬火后硬度45～55HR
42SiMn	880	水	590	水	25	885	735	15	40	47	229	与35SiMn钢同。可代替40Cr、34CrMo钢做大齿圈。适于做表面淬火件，表面淬火后硬度45～55HR
20MnV	880	水、油	200	水、空气	15	785	590	10	40	55	187	相当于20CrNi的渗碳钢，渗碳淬火后硬度56～62HR
20SiMnVB	900	油	200	水、空气	15	1175	980	10	45	55	207	可代替20CrMnTi做高级渗碳齿轮等零件，渗碳淬火后硬度56～62HR
40MnB	850	油	500	水、油	25	980	785	10	45	47	207	可代替40Cr做重要调质件，如齿轮、油、连杆、螺栓等
37SiMn2MoV	870	水、油	650	水、空气	25	980	835	12	50	63	269	可代替34CrNiMo等做高强度、重载荷轴、曲轴、齿轮、蜗杆等零件，表面淬火后硬度50～55HR
20CrMnTi	第一次880 第二次870	油	200	水、空气	15	1080	835	10	45	55	217	强度、韧性均高，是铬镍钢的代用品。用于承受高速、中等或重大载荷以及冲击磨损等的重要零件，如渗碳齿轮、凸轮等，渗碳淬火后硬度56～62HR

续表

钢号	热处理				试样毛坯尺寸/mm	力学性能					钢材退火或高温回火供应状态的布氏硬度/HBS	特性及应用举例
	淬火		回火			抗拉强度 σ_b	屈服强度 σ_s	伸长率 δ_5	收缩率 ψ	冲击功 A_{KU}		
	温度/℃	冷却剂	温度/℃	冷却剂		MPa		%		J	不大于	
						≥						
20CrMnMo	850	油	200	水、空气	15	1175	885	10	45	55	217	用于要求表面硬度高,耐磨,心部有较高强度、韧性的零件,如传动齿轮和曲轴等,渗碳淬火后硬度56~62HR
38CrMoAl	940	水、油	640	水、油	30	980	835	14	50	71	229	用于要求高耐磨性、高疲劳强度和相当高的强度且热处理变形最小的零件,如镗杆、主轴、蜗杆、齿轮、套筒、套环等,渗氮后表面硬度1100HV
20Cr	第一次 880 第二次 780~820	水、油	220	水、空气	15	835	540	10	40	47	179	用于要求心部强度较高、承受磨损、尺寸较大的渗碳零件,如齿轮、齿轮轴、蜗杆、凸轮、活塞销等;也用于速度较大、受中等冲击的调质零件,渗碳淬火后硬度56~62HR
40Cr	850	油	520	水、油	25	980	785	9	45	47	207	用于承受交变载荷、中等速度、中等载荷、强烈磨损而无很大冲击的重要零件,如重要的齿轮、轴、曲轴、连杆、螺栓、螺母等零件,并用于直径大于400mm、要求低温冲击韧性的轴与齿轮等,表面淬火后硬度48~55HR
20CrNi	850	水、油	460	水、油	25	785	590	10	50	63	197	用于制造承受较高载荷的渗碳零件,如齿轮、轴、花键轴、活塞销等
40CrNi	820	油	500	水、油	25	980	785	10	45	55	241	用于制造要求强度高、韧性高的零件,如齿轮、轴、链条、连杆等
40CrNiMoA	850	油	600	水、油	25	980	835	12	55	78	269	用于特大截面的重要调质零件,如机床主轴、传动轴、转子轴等

第三节　极限与配合

一、极限与配合

极限与配合的常用标准及规范见表8-30~表8-36。

表 8-30　公称尺寸至 3150mm 的标准公差数值（GB/T 1800.1—2009 摘录）　　单位：μm

公称尺寸 /mm	标准公差等级																	
	IT1	IT2	IT3	IT4	IT5	IT6	IT7	IT8	IT9	IT10	IT11	IT12	IT13	IT14	IT15	IT16	IT17	IT18
≤3	0.8	1.2	2	3	4	6	10	14	25	40	60	100	140	250	400	600	1000	1400
>3～6	1	1.5	2.5	4	5	8	12	18	30	48	75	120	180	300	480	750	1200	1800
>6～10	1	1.5	2.5	4	6	9	15	22	36	58	90	150	220	360	580	900	1500	1800
>10～18	1.2	2	3	5	8	11	18	27	43	70	110	180	270	430	700	1100	1800	2700
>18～30	1.5	2.5	4	6	9	13	21	33	52	84	130	210	330	520	840	1300	2100	3300
>30～50	1.5	2.5	4	7	11	16	25	39	62	100	160	250	390	620	1000	1600	2500	3900
>50～80	2	3	5	8	13	19	30	46	74	120	190	300	460	740	1200	1900	3000	4600
>80～120	2.5	4	6	10	15	22	35	54	87	140	220	350	540	870	1400	2200	3500	5400
>120～180	3.5	5	8	12	18	25	40	63	100	160	250	400	630	1000	1600	2500	4000	6300
>180～250	4.5	7	10	14	20	29	46	72	115	185	290	460	720	1150	1850	2900	4600	7200
>250～315	6	8	12	16	23	32	52	81	130	210	320	520	810	1300	2100	3200	5200	8100
>315～400	7	9	13	18	25	36	57	89	140	230	560	570	890	1400	2300	3600	5700	8900
>400～500	8	10	15	20	27	40	63	97	155	250	400	630	970	1550	2500	4000	6300	9700
>500～630	9	11	16	22	30	44	70	110	175	280	440	700	1100	1750	2800	4400	7000	11000
>630～800	10	13	18	25	35	50	80	125	200	320	500	800	1250	2000	3200	5000	8000	12500

注：1. 公称尺寸大于 500mm 的 IT1 至 IT5 的数值为试行数据。

2. 公称尺寸小于或等于 1mm 时，无 IT14 至 IT18。

表 8-31　轴的各种基本偏差的应用

配合种类	基本偏差	配合特性及应用
间隙配合	a、b	可得到特别大的间隙，很少应用
	e	可得到很大的间隙，一般适用于缓慢、松弛的动配合。用于工作条件较差（如农业机械）、受力变形，或为了便于装配，而必须保证有较大的间隙时。推荐配合为 H11/c11，其较高级的配合，如 H8/c7 适用于轴在高温工作的紧密间隙配合，例如内燃机排气阀和导管
	d	一般用于 IT7～IT11 级，适用于松的转动配合，如密封盖、滑轮、空转带轮等与轴的配合，也适用于大直径滑动轴承配合，如透平机、球磨机，轧辊成形和重型弯曲机及其他重型机械中的一些滑动支承
	e	多用于 IT7～IT9 级，通常适用于要求有明显间隙，易于转动的支承配合，如大跨距、多支点支承等。高等级的 e 轴适用于大型、高速、重载支承配合，如涡轮发电机、大型电动机、内燃机、凸轮轴及摇臂支承等
	f	多用于 IT6～IT8 级的一般转动配合。当温度影响不大时，被广泛用于普通润滑油（或润滑脂）润滑的支承，如齿轮箱、小电动机、泵等的转轴与滑动支承的配合
	g	配合间隙很小，制造成本高，除很轻载荷的精密装置外，不推荐用于转动配合。多用于 IT5～IT7 级，最适合不回转的精密滑动配合，也用于插销等定位配合，如精密连杆、轴承、活塞、滑阀及连杆销等
	h	多用于 IT4～IT11 级。广泛用于无相对转动的零件，作为一般的定位配合。若没有温度、变形影响，也用于精密滑动配合
过渡配合	js	为安全对称偏差（±IT/2），平均为稍有间隙的配合，多用于 IT4～IT7 级，要求间隙比 h 轴小，并允许略有过盈的定位配合，如联轴器，可用手或木锤装配
	k	平均为没有间隙的配合，适用于 IT4～IT7 级。推荐用于稍有过盈的定位配合，例如为了消除振动用的定位配合，一般用木锤装配
	m	平均为具有小过盈的过渡配合，适用 IT4～IT7 级，一般用木锤装配，但在最大过盈时，要求相当的压入力
	n	平均过盈比 m 轴稍大，很少得到间隙，适用 IT4～IT7 级，用锤或压力机装配，通常推荐用于紧密的组件配合。H6/n5 配合为过盈配合

续表

配合种类	基本偏差	配合特性及应用
过盈配合	p	与 H6 孔或 H7 孔配合时是过盈配合,与 H8 孔配合时则为过渡配合。对非铁类零件,为较轻的压入配合,易于拆卸。将钢、铸铁或铜、钢组件装配是标准压入配合
	r	对铁类零件为中等打入配合;对非铁类零件,为轻打入的配合,可拆卸。与 H8 孔配合,直径在 100mm 以上时为过盈配合,直径小时为过渡配合
	s	用于钢和铁制零件的永久性和半永久性装配,可产生相当大的结合力。当用弹性材料,如轻合金时,配合性质与铁类零件的 p 轴相当,例如用于套环压装在轴上、阀座与机体等配合。尺寸较大时,为了避免损伤配合表面,需用热胀或冷缩法装配
	t、u、v、x、y、z	过盈量依次增大,一般不推荐采用

表 8-32 公差等级与加工方法的关系

加工方法	公差等级(IT)																	
	01	0	1	2	3	4	5	6	7	8	9	10	11	12	13	14	15	16
研磨	▬	▬	▬	▬	▬	▬	▬											
珩					▬	▬	▬	▬	▬									
圆磨、平磨							▬	▬	▬	▬								
金刚石车、金刚石镗							▬	▬	▬									
拉削							▬	▬	▬	▬								
铰孔								▬	▬	▬	▬							
车、镗									▬	▬	▬	▬	▬					
铣										▬	▬	▬	▬					
刨、插												▬	▬					
钻孔												▬	▬	▬				
液压、挤压										▬	▬	▬	▬					
冲击												▬	▬	▬				
压铸													▬	▬	▬			
粉末冶金成形								▬	▬	▬								
粉末冶金烧结									▬	▬	▬							
砂型铸造、气割																	▬	▬
锻造																	▬	▬

表 8-33 优先配合特性及应用举例

基孔制	基轴制	优先配合特性及应用举例
$\dfrac{H11}{c11}$	$\dfrac{C11}{h11}$	间隙非常大,用于很松的、转动很慢的间隙配合,或要求大公差与大间隙的外露组件,或要求装配方便的、很松的配合
$\dfrac{H9}{d9}$	$\dfrac{D9}{h9}$	间隙很大的自由转动配合,用于精度非主要要求时,或有大的温度变动、高转速或大的轴颈压力时
$\dfrac{H8}{f7}$	$\dfrac{F8}{h7}$	间隙不大的转动配合,用于中等转速与中等轴颈压力的精确转动,也用于装配较易的中等定位配合
$\dfrac{H7}{g6}$	$\dfrac{G7}{h6}$	间隙很小的滑动配合,用于不希望自由转动,但可自由移动和滑动并精密定位时,也可用于要求明确的定位配合

基孔制	基轴制	优先配合特性及应用举例
$\dfrac{H7}{h6}$ $\dfrac{H8}{h7}$ $\dfrac{H9}{h9}$ $\dfrac{H11}{h11}$	$\dfrac{H7}{h6}$ $\dfrac{H8}{h7}$ $\dfrac{H9}{h9}$ $\dfrac{H11}{h11}$	均为间隙定位配合,零件可自由装拆,而工作时一般相对静止不动。在最大实体条件下的间隙为零,在最小实体条件下的间隙由公差等级决定
$\dfrac{H7}{k6}$	$\dfrac{K7}{h6}$	过渡配合,用于精密定位
$\dfrac{H7}{n6}$	$\dfrac{N7}{h6}$	过渡配合,允许有较大过盈的更精密定位
$\dfrac{H7^*}{p6}$	$\dfrac{P7}{h6}$	过盈定位配合,即小过盈配合,用于定位精度特别重要时,能以最好的定位精度达到部件的刚性及对中性要求,而对内孔承受压力无特殊要求,不依靠配合的紧固性传递摩擦载荷
$\dfrac{H7}{s6}$	$\dfrac{S7}{h6}$	中等压入配合,适用于一般钢件,或用于薄壁件的冷缩配合,用于铸铁件可得到最紧的配合
$\dfrac{H7}{u6}$	$\dfrac{U7}{h6}$	压入配合,适用于可以承受大压入力的零件或不宜承受大压入力的冷缩配合

注:* 公称尺寸小于或等于 3mm 为过渡配合。

表 8-34　优先配合中轴的极限偏差（GB/T 1800.2—2009 摘录）　　单位：μm

公称尺寸/mm		公差带											
		e	d	f	g	h				k	n	p	s	u
大于	至	11	9	7	6	6	7	9	11	6	6	6	6	6
—	3	-60 -120	-20 -45	-6 -16	-2 -8	0 -6	0 -10	0 -25	0 -60	$+6$ 0	$+10$ $+4$	$+12$ $+6$	$+20$ $+14$	$+24$ $+18$
3	6	-70 -145	-30 -60	-10 -22	-4 -12	0 -8	0 -12	0 -30	0 -75	$+9$ $+1$	$+16$ $+8$	$+20$ $+12$	$+27$ $+19$	$+31$ $+23$
6	10	-80 -170	-40 -76	-13 -28	-5 -14	0 -9	0 -15	0 -36	0 -90	$+10$ $+1$	$+19$ $+10$	$+24$ $+15$	$+32$ $+23$	$+37$ $+28$
10	14	-95 -205	-50 -93	-16 -34	-6 -17	0 -11	0 -18	0 -43	0 -110	$+12$ $+1$	$+23$ $+12$	$+29$ $+18$	$+39$ $+28$	$+44$ $+33$
14	18													
18	24	-110 -240	-65 -117	-20 -41	-7 -20	0 -13	0 -21	0 -52	0 -130	$+15$ $+2$	$+28$ $+15$	$+35$ $+22$	$+48$ $+35$	$+54$ $+41$
24	30													$+61$ $+48$
30	40	-120 -280	-80 -142	-25 -50	-9 -25	0 -16	0 -25	0 -62	0 -160	$+18$ $+2$	$+33$ $+17$	$+42$ $+26$	$+59$ $+43$	$+76$ $+60$
40	50	-130 -290												$+86$ $+70$
50	65	-140 -330	-100 -174	-30 -60	-10 -20	0 -19	0 -30	0 -74	0 -190	$+21$ $+2$	$+39$ $+20$	$+51$ $+32$	$+72$ $+53$	$+106$ $+87$
65	80	-150 -340											$+78$ $+59$	$+121$ $+102$
80	100	-170 -390	-120 -207	-36 -71	-12 -34	0 -22	0 -35	0 -87	0 -220	$+25$ $+3$	$+45$ $+23$	$+59$ $+37$	$+93$ $+71$	$+146$ $+124$
100	120	-180 -400											$+101$ $+79$	$+166$ $+144$

续表

公称尺寸/mm		公差带											
		e	d	f	g	h				k	n	p	s	u
大于	至	11	9	7	6	6	7	9	11	6	6	6	6	6
120	140	−200 −450											+117 +92	+195 +170
140	160	−210 −460	−145 −245	−43 −83	−14 −39	0 −25	0 −40	0 −100	0 −250	+28 +3	+52 +27	+68 +43	+125 +100	+215 +190
160	180	−230 −480											+133 +108	+235 +210
180	200	−240 −530											+151 +122	+265 +236
200	225	−260 −550	−170 −285	−50 −96	−15 −44	0 −29	0 −46	0 −115	0 −290	+33 +4	+60 +31	+79 +50	+159 +130	+287 +258
225	250	−280 −570											+169 +140	+313 +284
250	280	−300 −620	−190 −320	−56 −108	−17 −49	0 −32	0 −52	0 −130	0 −320	+36 +4	+66 +34	+88 +56	+190 +158	+347 +315
280	315	−330 −650											+202 +170	+382 +350
315	355	−360 −720	−210 −350	−62 −119	−18 −54	0 −36	0 −57	0 −140	0 −360	+40 +4	+73 +37	+98 +62	+226 +190	+426 +390
355	400	−400 −760											+244 +208	+471 +435
400	450	−440 −840	−230 −385	−68 −131	−20 −60	0 −40	0 −63	0 −155	0 −400	+45 +5	+80 +40	+108 +68	+272 +232	+530 +490
450	500	−480 −980											+292 +252	+580 +540

表 8-35 优先配合中孔的极限偏差（GB/T 1800.2—2009摘录）　　　　单位：μm

公称尺寸/mm		公差带												
		C	D	F	G	H				K	N	P	S	U
大于	至	11	9	8	7	7	8	9	11	7	7	7	7	7
—	3	+120 +60	+45 +20	+20 +6	+12 +2	+10 0	+14 0	+25 0	+60 0	0 −10	−4 −14	−6 −16	−14 −24	−18 −28
3	6	+145 +70	+60 +30	+28 +10	+16 +4	+12 0	+18 0	+30 0	+75 0	+3 −9	−4 −16	−8 −20	−15 −27	−19 −31
6	10	+170 +80	+76 +40	+35 +13	+20 +5	+15 0	+22 0	+36 0	+90 0	+5 −10	−4 −19	−9 −24	−17 −32	−22 −37
10	14	+205 +95	+93 +50	+43 +16	+24 +6	+18 0	+27 0	+43 0	+110 0	+6 −12	−5 −23	−11 −29	−21 −39	−26 −44
14	18													
18	24	+240 +110	+117 +65	+53 +20	+28 +7	+21 0	+33 0	+52 0	+130 0	+6 −15	−7 −28	−14 −35	−27 −48	−33 −54
24	30													−40 −61

续表

公称尺寸/mm		公差带												
		C	D	F	G			H		K	N	P	S	U
大于	至	11	9	8	7	7	8	9	11	7	7	7	7	7
30	40	+280 +120	+142 +80	+64 +25	+34 +9	+25 0	+39 0	+62 0	+160 0	+7 −18	−8 −33	−17 −42	−34 −59	−51 −76
40	50	+290 +130												−61 −86
50	65	+330 +140	+174 +100	+76 +30	+40 +10	+30 0	+46 0	+74 0	+190 0	+9 −21	−9 −39	−21 −51	−42 −72	−76 −106
65	80	+340 +150											−48 −78	−91 −121
80	100	+390 +170	+207 +120	+90 +36	+47 +12	+35 0	+54 0	+87 0	+220 0	+10 −25	−10 −45	−24 −59	−58 −93	−111 −146
100	120	+400 +180											−66 −101	−131 −166
120	140	+450 +200											−77 −117	−155 −195
140	160	+460 +210	+245 +145	+106 +43	+54 +14	+40 0	+63 0	+100 0	+250 0	+12 −28	−12 −52	−28 −68	−85 −125	−175 −215
160	180	+480 +230											−93 −133	−195 −235
180	200	+530 +240											−105 −151	−219 −265
200	225	+550 +260	+285 +170	+122 +50	+61 +15	+46 0	+72 0	+115 0	+290 0	+13 −33	−14 −60	−33 −79	−113 −159	−241 −287
225	250	+570 +280											−123 −169	−267 −313
250	280	+620 +300	+320 +190	+137 +56	+69 +17	+52 0	+81 0	+130 0	+320 0	+16 −36	−14 −66	−36 −88	−138 −190	−295 −347
280	315	+650 +330											−150 −202	−330 −382
315	355	+720 +360	+350 +210	+151 +62	+75 +18	+57 0	+89 0	+140 0	+360 0	+17 −40	−16 −73	−41 −98	−169 −226	−369 −426
355	400	+760 +400											−187 −244	−414 −471
400	450	+840 +440	+385 +230	+165 +68	+83 +20	+63 0	+97 0	+155 0	+400 0	+18 −45	−17 −80	−45 −108	−209 −272	−467 −530
450	500	+880 +480											−229 −292	−517 −580

表 8-36　线性尺寸的未注公差（GB/T 1804—2000 摘录）　　　　单位：mm

公差等级	线性尺寸的极限偏差数值								倒圆半径与倒角高度尺寸的极限偏差数值			
	公称尺寸公段								公称尺寸分段			
	0.5～3	>3～6	>6～30	>30～120	>120～400	>400～1000	>1000～2000	>2000～4000	0.5～3	>3～6	>6～30	>30
f(精密级)	±0.05	±0.05	±0.1	±0.15	±0.2	±0.3	±0.5	—	±0.2	±0.5	±1	±2
m(中等级)	±0.1	±0.1	±0.2	±0.3	±0.5	±0.8	±1.2	±2	±0.2	±0.5	±1	±2
c(粗糙级)	±0.2	±0.3	±0.5	±0.8	±1.2	±2	±3	±4	±0.4	±1	±2	±4
v(最粗级)	—	±0.5	±1	±0.15	±2.5	±4	±6	±8	±0.4	±1	±2	±4
在图样上,技术文件或标准中的表示方法示例:GB/T 1804-m(表示选用中等级)												

二、几何公差

几何公差的常用标准及规范见表 8-37～表 8-41。

表 8-37　几何公差几何特征项目的符号及其标注（GB/T 1182—2008 摘录）

公差特征项目的符号						被测要素、基准要素的标注要求及其他附加符号				
公差类型	几何特征	符号	公差类型	几何特征	符号	说明		符号	说明	符号
形状公差	形状 直线度	—	方向公差	平行度	//	被测要素的标注	直径	⟂	最大实体要求	Ⓜ
	平面度	▱		垂直度	⊥		用字母	A	最小实体要求	Ⓛ
				倾斜度	∠					
	圆度	○	位置公差	同心度（用于中心点）	◎	基准要素的标注		A	可逆要求	Ⓡ
	圆柱度	⌭		同轴度（用于轴线）	◎			A	延伸公差带	Ⓟ
	轮廓 线轮廓度	⌒		对称度		基准目标的标注		φ2／A1	自由状态(非刚性零件)条件	Ⓕ
				位置度	⊕	理论正确尺寸		50		
	面轮廓度	⌓	跳动公差	圆跳动	↗	包容要求		Ⓔ	全周(轮廓)	⌀
				全跳动	⌰					
公差框格	`—	0.1`　　`//	0.1	A`  `⊕	φ0.1 Ⓜ	A B C`					公差要求在矩形方框中给出,该方框由2格或多格组成。框格中的内容从左到右按以下次序填写: ①公差特征的符号; ②公差值; ③如需要,用一个或多个字母表示基准要素或基准体系 (h 为图样中采用字体的高度)				

表 8-38 几何公差的数值直线度、平面度公差（GB/T 1184—1996 摘录） 单位：μm

主参数 L 图例

精度等级	主参数 L/mm													应用举例
	≤10	>10~16	>16~25	>25~40	>40~63	>63~100	>100~160	>160~250	>250~400	>400~630	>630~1000	>1000~1600	>1600~2500	
5	2	2.5	3	4	5	6	8	10	12	15	20	25	30	普通精度机床导轨，柴油机进、排气门导杆
6	3	4	5	6	8	10	12	15	20	25	30	40	50	
7	5	6	8	10	12	15	20	25	30	40	50	60	80	轴承体的支承面，压力机导轨及滑块，减速器箱体、油泵、轴组件支承轴承的接合面
8	8	10	12	15	20	25	30	40	50	60	80	100	120	
9	12	15	20	25	30	40	50	60	80	100	120	150	200	辅助机构及手动机械的支承面，液压管件和法兰的连接面
10	20	25	30	40	50	60	80	100	120	150	200	250	300	
11	30	40	50	60	80	100	120	150	200	250	300	400	500	离合器的摩擦片汽车发动机缸盖接合面
12	60	80	100	120	150	200	250	300	400	500	600	800	1000	

标注示例	说　明	标注示例	说　明
	圆柱表面上任一素线必须位于轴向平面内，距离为公差值 0.02mm 的两平行平面之间		ϕd 圆柱体的轴线必须位于直径为公差值 $\phi 0.04$mm 的圆柱面内
	棱线必须位于箭头所示方向，距离为公差值 0.02mm 的两平行平面内		上表面必须位于距离为公差值 0.1mm 的两平行平面内

注：表中"应用举例"非 GB/T 1184—1996 内容，仅供参考。

表 8-39 圆度、圆柱度公差（GB/T 1184—1996 摘录） 单位：μm

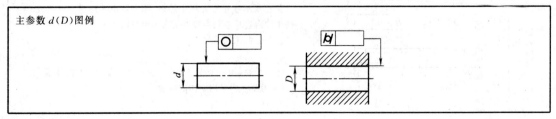

主参数 d(D) 图例

续表

精度等级	主参数 $d(D)$/mm										应 用 举 例
	>10~18	>18~30	>30~50	>50~80	>80~120	>120~180	>180~250	>250~315	>315~400	>400~500	
7	5	6	7	8	10	12	14	16	18	20	发动机的胀圈、活塞销及连杆中装衬套的孔等,千斤顶或压力油缸活塞,水泵及减速器轴颈,液压传动系统的分配机构,拖拉机气缸体与气缸套配合面,炼胶机冷铸轧辊
8	8	9	11	13	15	18	20	23	25	27	
9	11	13	16	19	22	25	29	32	36	40	起重机、卷扬机用的滑动轴承,带软密封的低压泵的活塞和气缸 通用机械杠杆与拉杆、拖拉机的活塞环与套筒孔
10	18	21	25	30	35	40	46	52	57	63	

标 注 示 例	说 明
![标注示例1]	被测圆柱(或圆锥)面任一正截面的圆周必须位于半径差为公差值 0.02mm 的两同心圆之间
![标注示例2]	被测圆柱面必须位于半径差为公差值 0.05mm 的两同轴圆柱面之间

注:表中"应用举例"非 GB/T 1184—1996 内容,仅供参考。

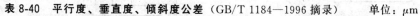

表 8-40　平行度、垂直度、倾斜度公差（GB/T 1184—1996 摘录）　　单位：μm

主参数 $L,d(D)$ 图例

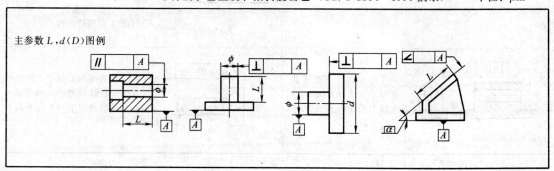

续表

精度等级	主参数 $L,d(D)$/mm													应用举例	
	≤10	>10~16	>16~25	>25~40	>40~63	>63~100	>100~160	>160~250	>250~400	>400~630	>630~1000	>1000~1600	>1600~2500	平行度	垂直度
7	12	15	20	25	30	40	50	60	80	100	120	150	200	一般机床零件的工作面或基准面,压力机和锻锤的工作面,中等精度钻模的工作面,一般刀量、模具	低精度机床主要基准面和工作面、回转工作台端面跳动,一般导轨,主轴箱体孔,刀架、砂轮架及工作台回转中心,机床轴肩,气缸配合面对其轴线,活塞销孔对活塞中心线以及装 P6、P0 级轴承壳体孔的轴线等
8	20	25	30	40	50	60	80	100	120	150	200	250	300	机床一般轴承孔对基准面的要求,床头箱一般孔间要求,气缸轴线,变速器箱孔,主轴花键对定心直径,重型机械轴承盖的端面,卷扬机、手动传动装置中的传动轴	
9	30	40	50	60	80	100	120	150	200	250	300	400	500	低精度零件,重型机械滚动轴承端盖	花键轴轴肩端面、带式输送机法兰盘等端面对轴心线,手动卷扬机及传动装置中轴承端面、减速器壳体平面等
10	50	60	80	100	120	150	200	250	300	400	500	600	800	柴油机和煤气发动机的曲轴孔、轴颈等	

标注示例	说 明	标注示例	说 明
	上表面必须位于距离为公差值 0.05mm,且平行于基准表面 A 的两平行平面之间		ϕd 的轴线必须位于距离为公差值 0.1mm,且垂直于基准平面的两平行平面之间。 (若框格内数字标注为 $\phi 0.1$mm,则说明 ϕd 的轴线必须位于直径为公差值 0.1mm,且垂直于基准平面 A 的圆柱面内)
	孔的轴线必须位于距离为公差值 0.03mm,且平行于基准表面 A 的两平行平面之间		左侧端面必须位于距离为公差值 0.05mm,且垂直于基准轴线的两平行平面之间

注：表中"应用举例"非 GB/T 1184—1996 内容,仅供参考。

表 8-41　同轴度、对称度、圆跳动和全跳动公差（GB/T 1184—1996 摘录）　单位：μm

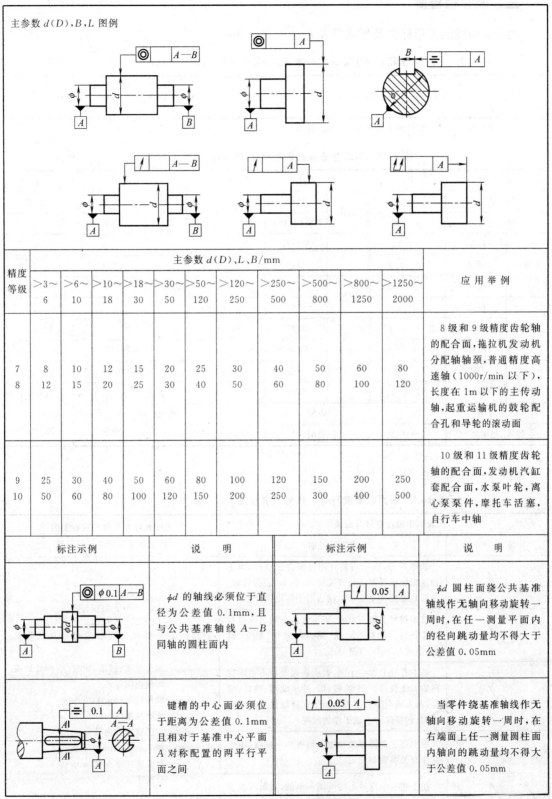

主参数 d(D),B,L 图例

精度等级	主参数 d(D)、L、B/mm											应 用 举 例
	>3～6	>6～10	>10～18	>18～30	>30～50	>50～120	>120～250	>250～500	>500～800	>800～1250	>1250～2000	
7	8	10	12	15	20	25	30	40	50	60	80	8 级和 9 级精度齿轮轴的配合面,拖拉机发动机分配轴轴颈,普通精度高速轴（1000r/min 以下）,长度在 1m 以下的主传动轴,起重运输机的鼓轮配合孔和导轮的滚动面
8	12	15	20	25	30	40	50	60	80	100	120	
9	25	30	40	50	60	80	100	120	150	200	250	10 级和 11 级精度齿轮轴的配合面,发动机汽缸套配合面,水泵叶轮,离心泵泵件,摩托车活塞,自行车中轴
10	50	60	80	100	120	150	200	250	300	400	500	

标注示例	说　明	标注示例	说　明
	φd 的轴线必须位于直径为公差值 0.1mm,且与公共基准轴线 A—B 同轴的圆柱面内		φd 圆柱面绕公共基准轴线作无轴向移动旋转一周时,在任一测量平面内的径向跳动量均不得大于公差值 0.05mm
	键槽的中心面必须位于距离为公差值 0.1mm 且相对于基准中心平面 A 对称配置的两平行平面之间		当零件绕基准轴线作无轴向移动旋转一周时,在右端面上任一测量圆柱面内轴向的跳动量均不得大于公差值 0.05mm

注：表中"应用举例"非 GB/T 1184—1996 内容,仅供参考。

三、表面粗糙度

表面粗糙度的常用标准及规范见表 8-42～表 8-46。

表 8-42　表面粗糙度主要评定参数 Ra 的数值系列（GB/T 1184—1996 摘录）　单位：μm

Ra	0.012	0.2	3.2	50	Ra	0.05	0.8	12.5	—
	0.025	0.4	6.3	100		0.1	1.6	25	—

注：在表面粗糙度参数常用的参数范围内（Ra 为 0.025～6.3μm），推荐优先选用 Ra。

表 8-43　加工方法与表面粗糙度 Ra 值的关系（参考）　单位：μm

加工方法		Ra	加工方法		Ra	加工方法		Ra
砂模铸造		80～20*	铰孔	粗铰	40～20	齿轮加工	插齿	5～1.25*
模型锻造		80～10		半精铰、精铰	2.5～0.32*		滚齿	2.5～1.25*
车外圆	粗车	20～10	拉削	半精拉	2.5～0.63		剃齿	1.25～0.32*
	半精车	10～2.5		精拉	0.32～0.16	切螺纹	板牙	10～2.5
	精车	1.25～0.32	刨削	粗刨	20～10		铣	5～1.25*
镗孔	粗镗	40～10		精刨	1.25～0.63		磨削	2.5～0.32*
	半精镗	2.5～0.63*	钳工加工	粗锉	40～10	镗磨		0.32～0.04
	精镗	0.63～0.32		细锉	10～2.5	研磨		0.63～0.16
圆柱铣和端铣	粗铣	20～5*		刮削	2.5～0.63	精研磨		0.08～0.02
	精铣	1.25～0.63*		研磨	1.25～0.08	抛光	一般抛	1.25～0.16
钻孔、扩孔		20～5	插削		40～2.5		精抛	0.08～0.04
锪孔，锪端面		5～1.25	磨削		5～0.01*			

注：1. 表中数据系指钢材加工而言。

2. * 为该加工方法可达到的 Ra 极限值。

表 8-44　表面粗糙度符号、代号及其标注（GB/T 131—2006 摘录）

表面粗糙度符号及意义		表面粗糙度数值及其有关的规定在符号中注写的位置
符　号	意义及说明	
∨	基本符号，表示表面可用任何方法获得，当不加注粗糙度参数值或有关说明（例如：表面处理、局部热处理状况等）时，仅适用于简化代号标注	$\overset{a_1}{\underset{a_2}{\diagup}}\overset{b}{\underset{c(f)}{\diagup}}\\(e)\underset{d}{\diagup}$
∨	基本符号上加一短画、表示表面是用去除材料方法获得。例如：车、铣、钻、磨、剪切、抛光、腐蚀、电火花加工、气割等	a_1、a_2——粗糙度高度参数代号及其数值（μm）；
∨	基本符号上加一小圆，表示表面是用不去除材料的方法获得。例如：铸、锻、冲压变形、热轧、冷轧、粉末冶金等。或者是用于保持原供应状况的表面（包括保持上道工序的状况）	b——加工要求、镀覆、涂覆、表面处理或其他说明等； c——取样长度（mm）； 　或波纹度（μm）；
∨ ∨ ∨	在上述三个符号的长边上均可加一横线，用于标注有关参数和说明	d——加工纹理方向符号； e——加工余量（mm）；
∨ ∨ ∨	在上述三个符号上均可加一小圆，表示所有表面具有相同的表面粗糙度要求	f——粗糙度间距参数（mm）或轮廓支承长度率

表 8-45　表面粗糙度标注示例

标 注 示 例	含 义
$Rz\ 0.4$	表示不允许去除材料,单向上限值,默认传输带,轮廓最大高度 $0.4\mu m$,评定长度为 5 个取样长度(默认),"16% 规则"(默认)
$Rz\ \max\ 0.2$	表示去除材料,单向上限值,轮廓最大高度的最大值 $0.2\mu m$,评定长度为 5 个取样长度(默认),"最大规则"
$U\ Ra\ \max\ 3.2$ $L\ Ra\ 0.8$	表示不允许去除材料,双向极限值,两极限值均使用默认传输带;单向上限值;算术平均偏差 $3.2\mu m$,默认评定长度,"最大规则";单向下限值;算术平均偏差 $0.8\mu m$,评定长度为 5 个取样长度(默认),"16% 规则"(默认)
$L\ Ra\ 1.6$	表示任意加工方法,默认传输带,单向下限值,算术平均偏差 $1.6\mu m$,评定长度为 5 个取样长度(默认),"16% 规则"(默认)
$0.008{-}0.8/Ra\ 3.2$	表示去除材料,单向上限值,传输带 $0.008\sim0.8mm$,算术平均偏差 $3.2\mu m$;评定长度为 5 个取样长度(默认),"16% 规则"(默认)
$-0.8/Ra\ 3\ 3.2$	表示去除材料,单向上限值,传输带:根据 GB/T 6062,取样长度 $0.8\mu m$,算术平均偏差 $3.2\mu m$,评定长度包含 3 个取样长度,"16% 规则"(默认)
磨 $Ra\ 1.6$ $\perp\ -2.5/Rz\ \max\ 6.3$	两个单向上限值: ①$Ra=1.6\mu m$ "16% 规则"(默认);默认传输带,默认评定长度 ②$Rz\max=6.3\mu m$ 最大规则;传输带 $-2.5\mu m$;默认评定长度,表面纹理垂直于视图的投影面;加工方法:磨削
铣 $0.008{-}4/Ra\ 50$ $C\ 0.008{-}4/Ra\ 6.3$	双向极限值:上限值 $Ra=50\mu m$,下限值 $Ra=6.3\mu m$ 两个传输带均为 $0.008\sim4mm$ 默认的评定长度为 $5\times4mm=20mm$ "16% 规则"(默认) 表面纹理呈近似同心圆且圆心与表面中心相关 加工方法:铣削

表 8-46　表面粗糙度要求在图样上的标注示例　　　　　　　　单位:μm

应 用 场 合	图 例	说 明
表面粗糙度要求的注写方向		表面粗糙度的注写和读取方向与尺寸的注写和读取方向一致
表面粗糙度要求在轮廓线上或指引线上的标注		表面粗糙度要求可标注在轮廓线上,其符号应从材料外指向并接触表面。必要时,表面粗糙度符号也可用带箭头或黑点的指引线引出标注

应 用 场 合	图 例	说 明
表面粗糙度要求在尺寸线上的标注	$\phi 120H7 \sqrt{Rz\ 12.5}$ $\phi 120h6 \sqrt{Rz\ 6.3}$	在不致引起误解时,表面粗糙度要求可以标注在给定的尺寸线上
表面粗糙度要求在形位公差框格上的标注	$\sqrt{Ra\ 1.6}$　$\boxed{\ \ }\ 0.1$ $\sqrt{Rz\ 6.3}$　$\phi 10\pm 0.1$　$\boxed{\oplus\ \phi 0.2\ A\ B}$	表面粗糙度要求可标注在形位公差框格的上方
表面粗糙度要求在延长线上的标注	(a) 表面粗糙度要求标注在圆柱特征的延长线上 (b) 圆柱和棱柱的表面粗糙度要求的柱法	表面粗糙度要求可以直接标注在延长线上 圆柱和棱柱表面的表面粗糙度要求只标注一次[图(a)] 如果每个棱柱表面有不同的表面粗糙度要求,则应分别单独标注[图(b)]
大多数表面有相同表面粗糙度要求的简化标注	$\sqrt{Rz\ 6.3}$ $\sqrt{Rz\ 1.6}$ $\sqrt{Rz\ 3.2}\ (\sqrt{\ })$	如果工件的多数(包括全部)表面有相同的表面粗糙度要求,则其表面粗糙度要求可统一标注在图样的标题栏附近。此时(除全部表面有相同要求的情况外),表面粗糙度要求的符号后面应有:在圆括号内给出无任何其他标注的基本符号

续表

应 用 场 合	图 例	说 明
多个表面有共同表面粗糙度要求的注法	(a) 在图纸空间有限时的简化注法 (b) 未指定工艺方法的多个表面粗糙度要求的简化注法 (c) 要求去除材料的多个表面粗糙度要求的简化注法 (d) 不允许去除材料的多个表面粗糙度要求的简化注法	当多个表面具有相同的表面粗糙度要求或图纸空间有限时,可以采用简化注法 　①可用带字母的完整符号,以等式的形式,在图形或标题栏附近,对有相同表面粗糙度要求的表面进行简化标注[图(a)] 　②可用表面粗糙度基本图形符号,以等式的形式给出对多个表面共同的表面粗糙度要求[图(b)～图(d)]
两种或多种工艺获得的统一表面的注法	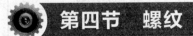 同时给出镀覆前后的表面粗糙度要求的注法	有几种不同的工艺方法获得的同一表面,当需要明确每种工艺方法的表面结构要求时,可按照左图进行标注

第四节 螺纹

一、普通螺纹

普通螺纹的常用标准及规范见表 8-47、表 8-48。

表 8-47 普通螺纹的直径与螺距（GB/T 193—2003 摘录）　　　　　单位：mm

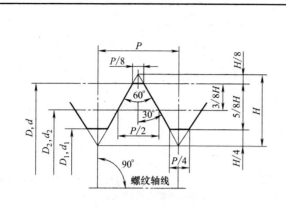

标记示例：

公称直径 10mm、右旋、公差带代号为 6h、中等旋合长度的普通粗牙螺纹标记为：

M10-6h

公称直径 d、D			螺距 P		公称直径 d、D			螺距 P	
第一系列	第二系列	第三系列	粗牙	细牙	第一系列	第二系列	第三系列	粗牙	细牙
3		0.5	0.5	0.35			(28)		2,1.5,1
	3.5	(0.6)			30			3.5	(3),2,1.5,(1),(0.75)
4		0.7		0.5			(32)		2,1.5
	4.5	(0.75)					33	3.5	(3),2,1.5,(1),(0.75)
5		0.8					35		(1.5)
		5.5			36			4	3,2,1.5,(1)
6	7		1	0.75,(0.5)			(38)		1.5
8			1.25	1,0.75,(0.5)			39	4	3,2,1.5,(1)
		9	(1.25)				40		(3),(2),1.5
10			1.5	1.25,1,0.75,(0.5)	42	45		4.5	(4),3,2,1.5,(1)
		11	(1.5)	1,0.75,(0.5)	48			5	
12			1.75	1.5,1.25,1,(0.75),(0.5)			50		(3),(2),1.5
	14		2	1.5,(1.25),1,(0.75),(0.5)		52		5	(4),3,2,1.5(1)
		15		1.5,(1)			55		(4),(3),2,1.5
16			2	1.5,1,(0.75),(0.5)	56			5.5	4,3,2,1.5,(1)
		17		1.5,(1)			58		(4),(3),2,1.5
20	18		2.5	2,1.5,1,(0.75),(0.5)		(60)		(5.5)	4,3,2,1.5,(1)
	22			2,1.5,1,(0.75)			62		(4),(3),2,1.5
24			3	2,1.5,(1),(0.75)	64			6	4,3,2,1.5(1)
		25		2,1.5,(1)			65		(4),(3),2,1.5
	(26)			1.5			68	6	4,3,2,1.5,(1)
	27		3	2,1.5,1,(0.75)			70		(6),(4),(3),2,1.5

注：1. 优先选用第一系列，其次是第二系列，第三系列尽可能不用。

2. M14×1.25 仅用于发动机的火花塞，M35×1.5 仅用于滚动轴承的锁紧螺母。

表 8-48　普通螺纹基本尺寸（GB/T 196—2003 摘录）　　　　　单位：mm

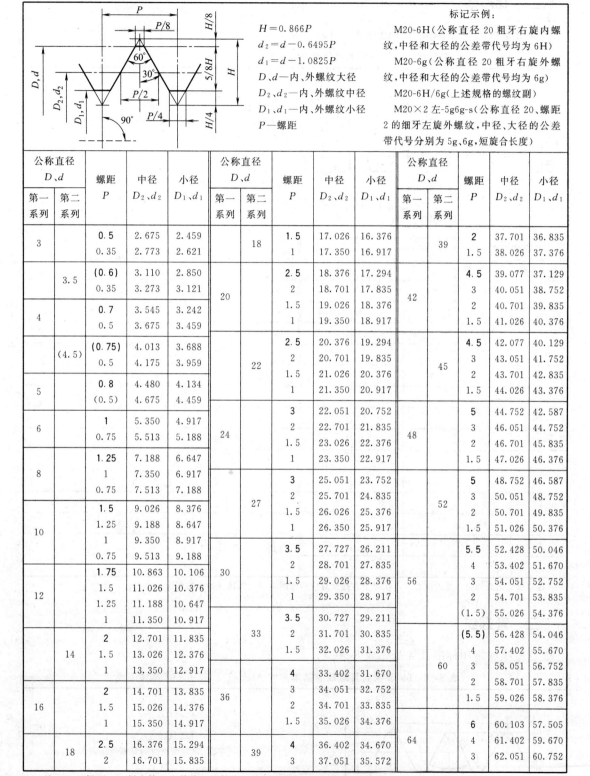

标记示例：

$H = 0.866P$

$d_2 = d - 0.6495P$

$d_1 = d - 1.0825P$

D、d—内、外螺纹大径

D_2、d_2—内、外螺纹中径

D_1、d_1—内、外螺纹小径

P—螺距

M20-6H（公称直径 20 粗牙右旋内螺纹，中径和大径的公差带代号均为 6H）

M20-6g（公称直径 20 粗牙右旋外螺纹，中径和大径的公差带代号均为 6g）

M20-6H/6g（上述规格的螺纹副）

M20×2 左-5g6g-s（公称直径 20、螺距 2 的细牙左旋外螺纹，中径、大径的公差带代号分别为 5g、6g，短旋合长度）

公称直径 D、d 第一系列	第二系列	螺距 P	中径 D_2、d_2	小径 D_1、d_1
3		**0.5**	2.675	2.459
		0.35	2.773	2.621
	3.5	**(0.6)**	3.110	2.850
		0.35	3.273	3.121
4		**0.7**	3.545	3.242
		0.5	3.675	3.459
	(4.5)	**(0.75)**	4.013	3.688
		0.5	4.175	3.959
5		**0.8**	4.480	4.134
		(0.5)	4.675	4.459
6		**1**	5.350	4.917
		0.75	5.513	5.188
8		**1.25**	7.188	6.647
		1	7.350	6.917
		0.75	7.513	7.188
10		**1.5**	9.026	8.376
		1.25	9.188	8.647
		1	9.350	8.917
		0.75	9.513	9.188
12		**1.75**	10.863	10.106
		1.5	11.026	10.376
		1.25	11.188	10.647
		1	11.350	10.917
	14	**2**	12.701	11.835
		1.5	13.026	12.376
		1	13.350	12.917
16		**2**	14.701	13.835
		1.5	15.026	14.376
		1	15.350	14.917
	18	**2.5**	16.376	15.294
		2	16.701	15.835

公称直径 D、d 第一系列	第二系列	螺距 P	中径 D_2、d_2	小径 D_1、d_1
	18	1.5	17.026	16.376
		1	17.350	16.917
20		**2.5**	18.376	17.294
		2	18.701	17.835
		1.5	19.026	18.376
		1	19.350	18.917
	22	**2.5**	20.376	19.294
		2	20.701	19.835
		1.5	21.026	20.376
		1	21.350	20.917
24		**3**	22.051	20.752
		2	22.701	21.835
		1.5	23.026	22.376
		1	23.350	22.917
	27	**3**	25.051	23.752
		2	25.701	24.835
		1.5	26.026	25.376
		1	26.350	25.917
30		**3.5**	27.727	26.211
		2	28.701	27.835
		1.5	29.026	28.376
		1	29.350	28.917
	33	**3.5**	30.727	29.211
		2	31.701	30.835
		1.5	32.026	31.376
36		**4**	33.402	31.670
		3	34.051	32.752
		2	34.701	33.835
		1.5	35.026	34.376
	39	**4**	36.402	34.670
		3	37.051	35.572

公称直径 D、d 第一系列	第二系列	螺距 P	中径 D_2、d_2	小径 D_1、d_1
	39	2	37.701	36.835
		1.5	38.026	37.376
42		**4.5**	39.077	37.129
		3	40.051	38.752
		2	40.701	39.835
		1.5	41.026	40.376
	45	**4.5**	42.077	40.129
		3	43.051	41.752
		2	43.701	42.835
		1.5	44.026	43.376
48		**5**	44.752	42.587
		3	46.051	44.752
		2	46.701	45.835
		1.5	47.026	46.376
	52	**5**	48.752	46.587
		3	50.051	48.752
		2	50.701	49.835
		1.5	51.026	50.376
56		**5.5**	52.428	50.046
		4	53.402	51.670
		3	54.051	52.752
		2	54.701	53.835
		(1.5)	55.026	54.376
	60	**(5.5)**	56.428	54.046
		4	57.402	55.670
		3	58.051	56.752
		2	58.701	57.835
		1.5	59.026	58.376
64		**6**	60.103	57.505
		4	61.402	59.670
		3	62.051	60.752

注：1. "螺距 P" 栏中第一个数值（黑体字）为粗牙螺距，其余为细牙螺距。

2. 优先选用第一系列，其次第二系列，第三系列（表中未列出）尽可能不用。

3. 括号内尺寸尽可能不用。

二、梯形螺纹

梯形螺纹的常用标准及规范见表8-49。

表 8-49　梯形螺纹的直径与螺距（GB/T 5796.2—2005 摘录）　　　　单位：mm

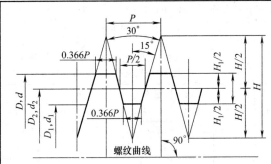

标记示例：

公称直径40mm、螺距7mm、右旋、中径公差代号7e、中等旋合长度的外螺纹标记为：

$$Tr40 \times 7\text{-}7e$$

公称直径40mm、螺距7mm、左旋、中径公差代号7H、长旋合长度的内螺纹标记为：

$$Tr40 \times 7LH\text{-}7H\text{-}L$$

公称直径		螺 距			公称直径		螺 距		
第一系列	第二系列				第一系列	第二系列			
8		1.5*			32	10	6*		3
	9	2*	1.5			34	10	6*	3
10		2*	1.5		36	10	6*		3
	11	3	2*			38	10	7*	3
12		3*	2		40	10	7*		3
	14	3*	2		42	10	7*		3
16		4*	2		44	12	7*		3
	18	4*	2			46	12	8*	3
20		4*	2		48	12	8*		3
	22	8	5*	3	50	12	8*		3
24		8	5*	3	52	12	8*		3
	26	8	5*	3		55	14	9*	3
28		8	5*	3	60	14	9*		3
	30	10	6*	3					

注：应优先选择第一系列的直径，在每个直径所对应的诸螺距中优先选择加*的螺距。

三、管螺纹

管螺纹的常用标准及规范见表8-50。

表 8-50　55°非密封管螺纹的基本尺寸（GB/T 7307—2001 摘录）

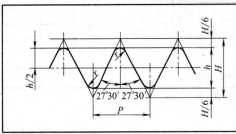

标记示例：

尺寸代号为3/4、右旋、非螺纹密封的管螺纹标记为：

$$G3/4$$

续表

尺寸代号	每25.4mm内的牙数 n	螺距 P /mm	大径 d=D /mm	中径 d₂=D₂ /mm	小径 d₁=D₁ /mm	尺寸代号	每25.4mm内的牙数 n	螺距 P /mm	大径 d=D /mm	中径 d₂=D₂ /mm	小径 d₁=D₁ /mm
			基本直径						基本直径		
1/8	28	0.907	9.728	9.147	8.566	11/4		2.309	41.910	40.431	38.952
1/4	19	1.337	13.157	12.301	11.445	11/4		2.309	47.803	46.324	44.845
3/8		1.337	16.662	15.806	14.950	13/4		2.309	53.764	52.267	50.788
1/2	14	1.814	20.955	19.793	18.631	2		2.309	59.614	58.135	56.656
5/8		1.814	22.911	21.749	20.587	21/4	11	2.309	65.710	64.231	62.752
3/4		1.814	26.441	25.279	24.117	21/2		2.309	75.148	73.705	72.226
7/8		1.814	30.201	29.039	27.877	23/4		2.309	81.534	80.055	78.576
1	11	2.309	33.249	31.770	30.291	3		2.309	87.884	86.405	84.926
11/8		2.319	37.897	36.418	34.939	31/4		2.309	100.330	98.851	97.372

第五节 常用标准件

常用标准件的常用标准及规范见表 8-51～表 8-72。

表 8-51 六角头螺栓 C 级和六角头螺栓全螺纹 C 级（GB/T 5780、5781—2000 摘录）

单位：mm

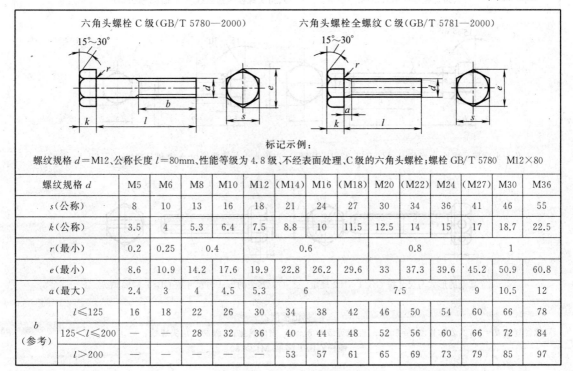

六角头螺栓 C 级（GB/T 5780—2000）　　六角头螺栓全螺纹 C 级（GB/T 5781—2000）

标记示例：

螺纹规格 d=M12、公称长度 l=80mm、性能等级为 4.8 级、不经表面处理、C 级的六角头螺栓：螺栓 GB/T 5780 M12×80

螺纹规格 d		M5	M6	M8	M10	M12	(M14)	M16	(M18)	M20	(M22)	M24	(M27)	M30	M36
s（公称）		8	10	13	16	18	21	24	27	30	34	36	41	46	55
k（公称）		3.5	4	5.3	6.4	7.5	8.8	10	11.5	12.5	14	15	17	18.7	22.5
r（最小）		0.2	0.25	0.4			0.6			0.8			1		
e（最小）		8.6	10.9	14.2	17.6	19.9	22.8	26.2	29.6	33	37.3	39.6	45.2	50.9	60.8
a（最大）		2.4	3	4	4.5	5.3	6			7.5		9	10.5	12	
b（参考）	l≤125	16	18	22	26	30	34	38	46	50	54	60	66	78	
	125<l≤200	—	—	28	32	36	40	44	48	52	56	60	66	72	84
	l>200	—	—	—	—	—	53	57	61	65	69	73	79	85	97

续表

螺纹规格 d	M5	M6	M8	M10	M12	(M14)	M16	(M18)	M20	(M22)	M24	(M27)	M30	M36
l（公称） GB/T 5780—2000	25～50	30～60	40～80	45～100	55～120	60～140	65～160	80～180	80～200	90～220	100～240	110～260	120～300	140～360
全螺纹长度 l GB/T 5781—2000	10～50	12～60	16～80	20～100	25～120	30～140	35～160	35～180	40～200	45～220	50～240	55～280	60～300	70～360
100mm 长的 质量/kg	0.013	0.020	0.037	0.063	0.090	0.127	0.172	0.223	0.282	0.359	0.424	0.566	0.721	1.100
l 系列（公称）	10,12,16,20,25,30,35,40,45,50,55,60,65,70,80,90,100,110,120,130,140,150,160,180, 200,220,240,260,280,300,320,340,360,380,400,420,440,460,480,500													

技术 条件	GB/T 5780 螺纹公差：8g	材料： 钢	性能 等级：$d \leqslant 39$，3.6、 4.6、4.8；$d > 39$，按协议	表面处理：不经处理，电 镀，非电解锌粉覆盖	产品等级：C
	GB/T 5781 螺纹公差：8g				

注：1. M5～M36 为商品规格，为销售储备的产品最通用的规格。

2. M42～M64 为通用规格，较商品规格低一档，有时买不到要现制造。

3. 带括号的为非优选的螺纹规格（其他各表均相同），非优选螺纹规格除列表外还有（M33）、（M39）、（M45）、（M52）和（M60）。

4. 末端按 GB/T 2 规定。

5. 标记示例"螺栓 GB/T 5780 M12×80"为简化标记，它代表了标记示例的各项内容，此标准件为常用及大量供应的，与标记示例内容不同的不能用简化标记，应按 GB/T 1237 规定标记。

6. 表面处理：电镀技术要求按 GB/T 5267.1；非电解锌粉覆盖技术要求按 ISO 10683；如需其他表面镀层或表面处理，应由双方协议。

7. GB/T 5780 增加了短规格，推荐采用 GB/T 5781 全螺纹螺栓。

表 8-52　六角头螺栓（GB/T 5782、5783—2000、GB/T 32.1—1988、GB/T 29.1—2003 摘录）

单位：mm

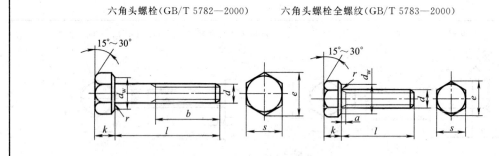

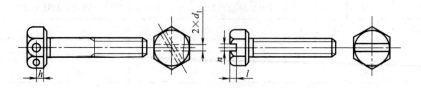

标记示例：

螺纹规格 d＝M12、公称长度 l＝80mm、性能等级为 8.8 级、表面氧化、A 级的六角头螺栓：

螺栓 GB/T 5782 M12×80

续表

螺纹规格 d		M1.6	M2	M2.5	M3	M4	M5	M6	M8	M10	M12	(M14)	M16	(M18)	M20	(M22)	M24	(M27)	M30	M36
s 公称		3.2	4	5	5.5	7	8	10	13	16	18	21	24	27	30	34	36	41	46	55
k 公称		1.1	1.4	1.7	2	2.8	3.5	4	5.3	6.4	7.5	8.8	10	11.5	12.5	14	15	17	18.7	22.5
r_{min}		0.1				0.2		0.25	0.4			0.6			0.8				1	
e_{min}	A	3.41	4.32	5.45	6.01	7.66	8.79	11.05	14.38	17.77	20.03	23.36	26.75	30.14	33.53	37.72	39.98	—	—	—
	B	3.28	4.18	5.31	5.88	7.50	8.63	10.89	14.20	17.59	19.85	22.78	26.17	29.56	32.95	37.29	39.55	45.2	50.85	60.79
d_{wmin}	A	2.27	3.07	4.07	4.57	5.88	6.88	8.88	11.63	14.63	16.63	19.64	22.49	25.34	28.19	31.71	33.61	—	—	—
	B	2.3	2.95	3.95	4.45	5.74	6.74	8.74	11.47	14.47	16.47	19.15	22	24.85	27.7	31.35	33.25	38	42.75	51.11
b 参考	l≤125	9	10	11	12	14	16	18	22	26	30	34	38	42	46	50	54	60	66	—
	125<l ≤200	15	16	17	18	20	22	24	28	32	36	40	44	48	52	56	60	66	72	84
	l>200	28	29	30	31	33	35	37	41	45	49	53	57	61	65	69	73	79	85	97
a		—	—	1.5	2.1	2.4	3	3.75	4.5	5.25	6				7.5			9	10.5	12
h		—	—	—	0.8	1.2	1.6	2	2.5	3	—	—	—	—	—	—	—	—	—	—

表 8-53 开槽螺钉（GB/T 65、68、69—2000，GB/T 67—2008 摘录） 单位：mm

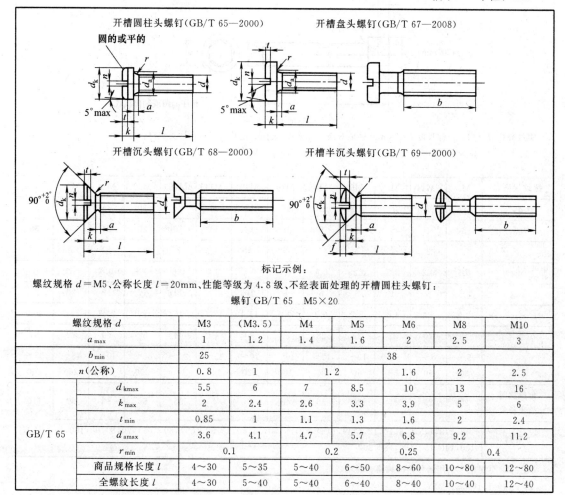

标记示例：

螺纹规格 d＝M5、公称长度 l＝20mm、性能等级为 4.8 级、不经表面处理的开槽圆柱头螺钉：

螺钉 GB/T 65 M5×20

螺纹规格 d		M3	(M3.5)	M4	M5	M6	M8	M10
a_{max}		1	1.2	1.4	1.6	2	2.5	3
b_{min}		25			38			
n（公称）		0.8	1	1.2		1.6	2	2.5
GB/T 65	d_{kmax}	5.5	6	7	8.5	10	13	16
	k_{max}	2	2.4	2.6	3.3	3.9	5	6
	t_{min}	0.85	1	1.1	1.3	1.6	2	2.4
	d_{amax}	3.6	4.1	4.7	5.7	6.8	9.2	11.2
	r_{min}	0.1		0.2		0.25	0.4	
	商品规格长度 l	4～30	5～35	5～40	6～50	8～60	10～80	12～80
	全螺纹长度 l	4～30	5～40	5～40	6～40	8～40	10～40	12～40

续表

螺纹规格 d			M3	(M3.5)	M4	M5	M6	M8	M10
GB/T 67	$d_{k\,max}$		5.6	7	8	9.5	12	16	20
	k_{max}		1.8	2.1	2.4	3	3.6	4.8	6
	t_{min}		0.7	0.8	1	1.2	1.4	1.9	2.4
	$d_{a\,max}$		3.6	4.1	4.7	5.7	6.8	9.2	11.2
	r_{min}		0.1	0.1	0.2	0.2	0.25	0.4	0.4
	商品规格长度 l		4~30	5~35	5~40	6~50	8~60	10~80	12~80
	全螺纹长度 l		4~30	5~40	5~40	6~40	8~40	10~40	12~40
GB/T 68 GB/T 69	$d_{k\,max}$		5.5	7.3	8.4	9.3	11.3	15.8	18.3
	k_{max}		1.65	2.35	2.7	2.7	3.3	4.65	5
	r_{max}		0.8	0.9	1	1.3	1.5	2	2.5
	t_{min}	GB/T 68	0.6	0.9	1	1.1	1.2	1.8	2
		GB/T 69	1.2	1.45	1.6	2	2.4	3.2	3.8
	f		0.7	0.8	1	1.2	1.4	2	2.3
	商品规格长度 l		5~30	6~35	6~40	8~50	8~60	10~80	12~80
	全螺纹长度 l		5~30	6~45	6~45	8~45	8~45	10~45	12~45

表 8-54　内六角圆柱头螺钉的基本规格（GB/T 70.1—2008 摘录）　单位：mm

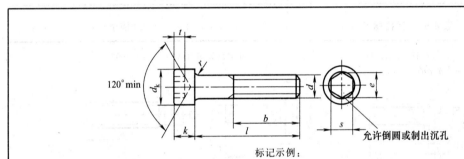

标记示例：

螺纹规格 d＝M5、公称长度 l＝20mm、性能等级为 8.8 级、表面氧化的内六角圆柱头螺钉：

螺钉 GB/T 70.1　M5×20

螺纹规格 d	M3	M4	M5	M6	M8	M10	M12	(M14)	M16	M20	M24	M30	M36
d_k	5.5	7	8.5	10	13	16	18	21	24	30	36	45	54
k_{max}	3	4	5	6	8	10	12	14	16	20	24	30	36
t	1.3	2	2.5	3	4	5	6	7	8	10	12	15.5	19
r	0.1	0.2	0.2	0.25	0.4	0.4	0.6	0.6	0.6	0.8	0.8	1	1
s_{min}	2.5	3	4	5	6	8	10	12	14	17	19	22	27
e_{min}	2.9	3.4	4.6	5.7	6.9	9.2	11.4	13.7	16	19	21.7	25.2	30.9
b（参考）	18	20	22	24	28	32	36	40	44	52	60	72	84
l	5~30	6~40	8~50	10~60	12~80	16~100	20~120	25~140	25~160	30~200	40~200	45~260	55~200
全螺纹时最大长度	20	25	25	30	35	40	45	55 (65)	55	65	80	90	110
l 系列	2.5,3,4,5,6,8,10,12,(14),(16),20,25,30,35,40,45,50,(55),60,(65),70,80,90,100,110,120, 130,140,150,160,180,200												

注：1. 尽可能不采用括号内的规格。

2. e_{min}＝1.14 s_{min}。

表 8-55　开槽锥端、平端、长圆柱端紧定螺钉的基本规格（GB/T 71、73、75—1985 摘录）

单位：mm

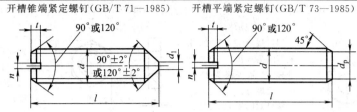

开槽锥端紧定螺钉（GB/T 71—1985）　　开槽平端紧定螺钉（GB/T 73—1985）

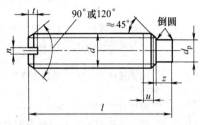

开槽长圆柱端紧定螺钉（GB/T 75—1985）

标记示例：

螺纹规格 $d=M5$、公称长度 $l=12mm$、性能等级为 14H、表面氧化的开槽锥端紧定螺钉标记为：

螺钉　GB/T 71　M5×12-14H

	d		M3	M4	M5	M6	M8	M10	M12
P	GB/T 71—1985 GB/T 73—1985 GB/T 75—1985		0.5	0.7	0.8	1	1.25	1.5	1.75
d_s	GB/T 75—1985		0.3	0.4	0.5	1.5	2	2.5	3
d_{pmax}	GB/T 73—1985 GB/T 75—1985		2	2.5	3.5	4	5.5	7	8.5
n（公称）	GB/T 71—1985 GB/T 73—1985 GB/T 75—1985		0.4	0.6	0.8	1	1.2	1.6	2
t_{min}	GB/T 71—1985 GB/T 73—1985 GB/T 75—1985		0.8	1.12	1.28	1.6	2	2.4	2.8
z_{min}	GB/T 75—1985		1.5	2	2.5	3	4	5	6
倒角和锥顶角	GB/T 71—1985	120°	$l{\leqslant}3$	$l{\leqslant}4$	$l{\leqslant}5$	$l{\leqslant}6$	$l{\leqslant}8$	$l{\leqslant}10$	$l{\leqslant}12$
		90°	$l{\geqslant}4$	$l{\geqslant}5$	$l{\geqslant}6$	$l{\geqslant}8$	$l{\geqslant}10$	$l{\geqslant}12$	$l{\geqslant}14$
	GB/T 73—1985	120°	$l{\leqslant}3$	$l{\leqslant}4$	$l{\leqslant}5$	$l{\leqslant}6$		$l{\leqslant}8$	$l{\leqslant}10$
		90°	$l{\geqslant}4$	$l{\geqslant}5$	$l{\geqslant}6$	$l{\geqslant}8$		$l{\geqslant}10$	$l{\geqslant}12$
	GB/T 75—1985	120°	$l{\leqslant}5$	$l{\leqslant}6$	$l{\leqslant}8$	$l{\leqslant}10$	$l{\leqslant}14$	$l{\leqslant}16$	$l{\leqslant}20$
		90°	$l{\geqslant}6$	$l{\geqslant}8$	$l{\geqslant}10$	$l{\geqslant}12$	$l{\geqslant}16$	$l{\geqslant}20$	$l{\geqslant}25$
l（公称）	商品规格范围	GB/T 71—1985	4~16	6~20	8~25	8~30	10~40	12~50	14~60
		GB/T 73—1985	3~16	4~20	5~25	6~30	8~40	10~50	12~60
		GB/T 75—1985	5~16	6~20	8~25	8~30	10~40	12~50	14~60
	系列值		2,2.5,3,4,5,6,8,10,12,(14),16,20,25,30,35,40,45,50,(55),60						

注：1. l 系列值中，尽可能不采用括号内的规格。

2. P 为螺距。

表 8-56　六角螺母 C 级和六角薄螺母无倒角（GB/T 41、6174、6170、6172.1—2000 摘录）

单位：mm

六角螺母 C 级（GB/T 41—2000）

标记示例：

螺纹规格 D＝M12、性能等级为 5 级、不经表面处理、产品等级为 C 级的六角螺母：

螺母 GB/T 41　M12

六角薄螺母无倒角（GB/T 6174—2000）

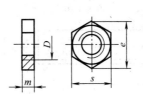

标记示例：

螺纹规格 D＝M6、力学性能为 110HV、不经表面处理、B 级的六角薄螺母：

螺母 GB/T 6174　M6

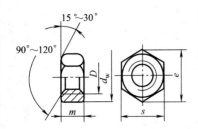

Ⅰ 型六角螺母（GB/T 6170—2000）

六角薄螺母（GB/T 6172.1—2000）

标记示例：

螺纹规格 D＝M12、性能等级为 10 级、不经表面处理、A 级的 Ⅰ 型六角螺母：

螺母 GB/T 6170　M12

螺纹规格 D＝M12、性能等级为 04 级、不经表面处理、A 级的六角薄螺母：

螺母 GB/T 6172.1　M12

螺纹规格 D		M3	(M3.5)	M4	M5	M6	M8	M10	M12	(M14)	M16	(M18)	M20	(M22)	M24	(M27)	M30	M36
$e_{\min}$	1①	5.9	6.4	7.5	8.6	10.9	14.2	17.6	19.9	22.8	26.2	29.6	33	37.3	39.6	45.2	50.9	60.8
	2②	6	6.6	7.7	8.8	11	14.4	17.8	20	23.4	26.8	29.6	33	37.3	39.6	45.2	50.9	60.8
s　公称		5.5	6	7	8	10	13	16	18	21	24	27	30	34	36	41	46	55
$d_{w\min}$	1①	—	—	—	6.7	8.7	11.5	14.5	16.5	19.2	22	24.9	27.7	31.4	33.3	38	42.8	51.1
	2②	4.6	5.1	5.9	6.9	8.9	11.6	14.6	16.6	19.6	22.5	24.9	27.7	31.4	33.3	38	42.8	51.1
$m_{\max}$	GB/T 6170	2.4	2.8	3.2	4.7	5.2	6.8	8.4	10.8	12.8	14.8	15.8	18	19.4	21.5	23.8	25.6	31
	GB/T 6172.1																	
	GB/T 6174	1.8	2	2.2	2.7	3.2	4	5	6	7	8	9	10	11	12	13.5	15	18
	GB/T 41				5.6	6.4	7.9	9.5	12.2	13.9	15.9	16.9	19	20.2	22.3	24.7	26.4	31.9

① 为 GB/T 41 及 GB/T 6174 的尺寸。

② 为 GB/T 6170 及 GB/T 6172.1 的尺寸。

注：1. A 级用于 D≤16mm，B 级用于 D＞16mm 的螺母。

2. 尽量不采用括号中的尺寸，除表中所列外，还有 (M33)、(M39)、(M45)、(M52) 和 (M60)。

3. GB/T 41 的螺纹规格为 M5～M60；GB/T 6174 的螺纹规格为 M1.6～M10。

表 8-57　圆螺母（GB/T 812—1988 摘录）

单位：mm

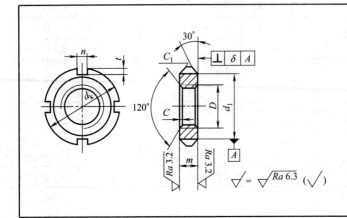

标记示例：

螺纹规格 D＝M16×1.5、材料为 45 钢、槽或全部热处理后硬度 35～45HRC、表面氧化的圆螺母：

螺母 GB/T 812　M16×1.5

续表

D	d_k	d_1	m	n	t	C	C_1
M10×1	22	16					
M12×1.25	25	19		4	2		
M14×1.5	28	20					
M16×1.5	30	22	8			0.5	
M18×1.5	32	24		5	2.5		
M20×1.5	35	27					
M22×1.5	38	30					
M24×1.5	42	34					
M25×1.5*	42	34					
M27×1.5	45	37					0.5
M30×1.5	48	40	10			1	
M33×1.5	52	43					
M35×1.5*	52	43		6	3		
M36×1.5	55	46					
M39×1.5	58	49					
M40×1.5*	58	49					
M42×1.5	62	53					
M45×1.5	68	59					
M48×1.5	72	61				1.5	
M50×1.5*	72	61					
M52×1.5	78	67	12	8	3.5		
M55×2*	78	67					1
M56×2	85	74					
M60×2	90	79					
M64×2	95	84					
M65×2*	95	84	12	8	3.5		
M68×2	100	88					
M72×2	105	93					
M75×2*	105	93					
M76×2	110	98	15	10	4		
M80×2	115	103					
M85×2	120	108					
M90×2	125	112					
M95×2	130	117					
M100×2	135	122	18	12	5	1.5	1
M105×2	140	127					
M110×2	150	135					
M115×2	155	140					
M120×2	160	145	22	14	6		
M125×2	165	150					
M130×2	170	155					
M140×2	180	165					
M150×2	200	180					
M160×3	210	190					
M170×3	220	200	26	16	7	2	1.5
M180×3	230	210					
M190×3	240	220	30				
M200×3	250	230					

注：1. 当 D≤M100×2 时，槽数 n＝4；当 D≥M105×2 时，槽数 n＝6。

2. 标有 * 者仅用滚动轴承锁紧装置。

表 8-58　1 型六角开槽螺母（A 级和 B 级）（GB/T 6178—1986 摘录）　单位：mm

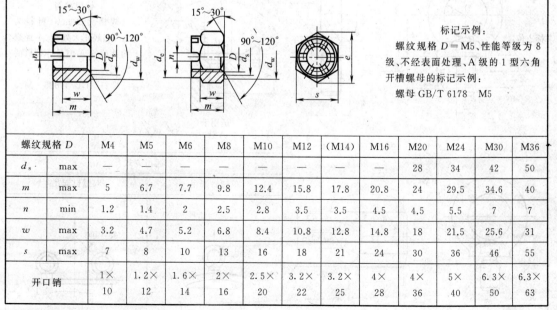

标记示例：

螺纹规格 D＝M5、性能等级为 8 级、不经表面处理、A 级的 1 型六角开槽螺母的标记示例：

螺母 GB/T 6178　M5

螺纹规格 D		M4	M5	M6	M8	M10	M12	(M14)	M16	M20	M24	M30	M36
d_s	max	—	—	—	—	—	—	—	—	28	34	42	50
m	max	5	6.7	7.7	9.8	12.4	15.8	17.8	20.8	24	29.5	34.6	40
n	min	1.2	1.4	2	2.5	2.8	3.5	3.5	4.5	4.5	5.5	7	7
w	max	3.2	4.7	5.2	6.8	8.4	10.8	12.8	14.8	18	21.5	25.6	31
s	max	7	8	10	13	16	18	21	24	30	36	46	55
开口销		1×10	1.2×12	1.6×14	2×16	2.5×20	3.2×22	3.2×25	4×28	4×36	5×40	6.3×50	6.3×63

注：尽可能不采用括号内的规格。

表 8-59　C 级 1 型六角开槽螺母（GB/T 6179—1986 摘录）　　　　　　单位：mm

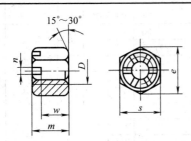

标记示例：

螺纹规格 D＝M5、性能等级为 5 级、不经表面处理、C 级 1 型六角开槽螺母的标记：

螺母　GB/T 6179　M5

螺纹规格 D(6H)		M5	M6	M8	M10	M12	(M14)	M16	M20	M24	M30	M36
e_{min}		8.63	10.89	14.20	17.59	19.85	22.78	26.17	32.95	39.55	50.85	60.79
s	max	8	10	13	16	18	21	24	30	36	46	55
	min	7.64	9.64	12.57	15.57	17.57	20.16	23.16	29.16	35	45	53.8
m_{max}		7.6	8.9	10.94	13.54	17.17	18.9	21.9	25	30.3	35.4	40.9
w	max	5.6	6.4	7.94	9.54	12.17	13.9	15.9	19	22.3	26.4	31.9
	min	4.4	4.9	6.44	8.04	10.37	12.1	14.1	16.9	20.2	24.3	29.4
n_{min}		1.4	2	2.5	2.8	3.5	3.5	4.5			5.5	7	
开口销		1.2×12	1.6×14	2×16	2.5×20	3.2×22	3.2×26	4×28	4×36	5×40	6.3×50	6.3×65
性能等级	钢	4、5										
表面处理	钢	(1)不经处理；(2)镀锌钝化										

注：尽可能不采用括号内的规格。

表 8-60　吊环螺钉（GB/T 825—1988 摘录）　　　　　　单位：mm

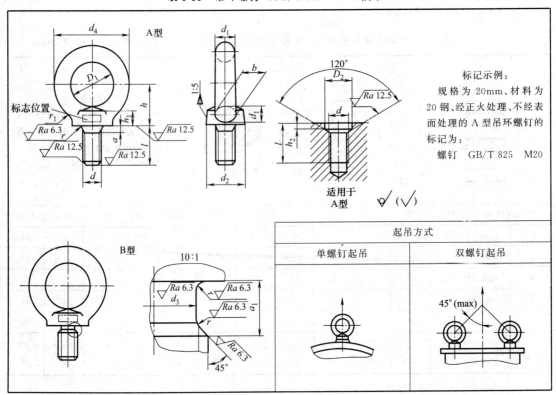

螺纹规格 d		M8	M10	M12	M16	M20	M24	M30	M36	M42	M48
d_1	max	9.1	11.1	13.1	15.2	17.4	21.4	25.7	30	34.4	40.7
D_1	公称	20	24	28	34	40	48	56	67	80	95
d_2	max	21.1	25.1	29.1	35.2	41.4	49.4	57.7	69	82.4	97.7
h_1	max	7	9	11	13	15.1	19.1	23.2	27.4	31.7	36.9
l	公称	16	20	22	28	35	40	45	55	65	70
d_4	参考	36	44	52	62	72	88	104	123	144	171
h		18	22	26	31	36	44	53	63	74	87
r		4	4	6	6	8	12	15	18	20	22
r	min	1	1	1	1	1	2	2	3	3	3
a_1	max	3.75	4.5	5.25	6	7.5	9	10.5	12	13.5	15
d_3	公称(max)	6	7.7	9.4	13	16.4	19.6	25	30.8	35.6	41
a	max	2.5	3	3.5	4	5	6	7	8	9	10
b		10	12	14	16	19	24	28	32	38	46
D_2	公称(min)	13	15	17	22	28	32	38	45	52	60
h_2	公称(min)	2.5	3	3.5	4.5	5	7	8	9.5	10.5	11.5

最大起吊 重量/t	单螺钉起吊	（参见表 右上图）	0.16	0.25	0.4	0.63	1	1.6	2.5	4	6.3	8
	双螺钉起吊		0.08	0.125	0.2	0.32	0.5	0.8	1.25	2	3.2	4

减速器类型	一级圆柱齿轮减速器						二级圆柱齿轮减速器				
中心距 a	100	125	160	200	250	315	100×140	140×200	180×250	200×280	250×355
重量 W/kN	0.26	0.52	1.05	2.1	4	8	1	2.6	4.8	6.8	12.5

注：1. M8～M36 为商品规格。

2. "减速器重量 W" 非 GB/T 825—1986 内容，仅供课程设计参考用。

表 8-61 平垫圈的基本规格 （GB/T 848—2002，GB/T 97.1、97.2—2002，GB/T 95—2002 摘录）

单位：mm

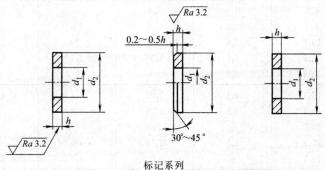

小垫圈(GB/T 848—2002)　　平垫圈——倒角型(GB/T 97.2—2002)　　平垫圈——C级(GB/T 95—2002)
平垫圈(GB/T 97.1—2002)

标记系列

公称尺寸 $d=8\text{mm}$、性能等级为 140HV 级、不经表面处理的平垫圈标记为：

垫圈 GB 97.1　8-140 HV

续表

公称尺寸(螺纹规格)d		4	5	6	8	10	12	14	16	20	24	30	36
d_1 公称 (min)	GB/T 848—2002	4.3	5.3	6.4	8.4	10.5	13	15	17	21	25	31	37
	GB/T 97.1—2002	4.3											
	GB/T 97.2—2002	—											
	GB/T 95—2002	—											
d_2 公称 (max)	GB/T 848—2002	8	9	11	15	18	20	24	28	34	39	50	60
	GB/T 97.1—2002	9	10	12	16	20	14	28	30	37	44	56	66
	GB/T 97.2—2002												
	GB/T 95—2002	—											
h 公称	GB/T 848—2002	0.5		1.6	1.6	1.6	2	2.5	2.5	3	3		
	GB/T 97.1—2002	0.8	1									4	5
	GB/T 97.2—2002	—		1.6	1.6	1.6	2	2.5	2.5	3	3		
	GB/T 95—2002	—											

表 8-62 弹簧垫圈的基本规格（GB 93—1987、GB/T 859—1987 摘录） 单位：mm

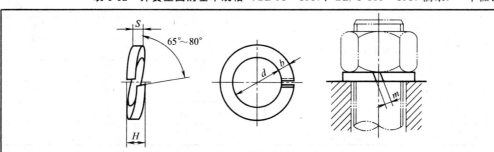

标记示例：

规格 16mm、材料为 65Mn、表面氧化的标准型弹簧垫圈

垫圈 GB 93 16

规格 (螺纹大径)	d	GB 93—1987		GB/T 859—1987		
		$S=b$	$0<m\leqslant$	S	b	$0<m\leqslant$
3	3.1	0.8	0.4	0.6	1	0.3
4	4.1	1.1	0.50	0.8	1.2	0.4
5	5.1	1.3	0.65	1	1.2	0.55
6	6.2	1.6	0.8	1.2	1.6	0.65
8	8.2	2.1	1.05	1.6	2	0.8
10	10.2	2.6	1.3	2	2.5	1
12	12.3	3.1	1.55	2.5	3.5	1.25
(14)	14.3	3.6	1.8	3	4	1.5
16	16.3	4.1	2.05	3.2	4.5	1.6
(18)	18.3	4.5	2.25	3.5	5	1.8
20	20.5	5	2.5	4	5.5	2
(22)	22.5	5.5	2.75	4.5	6	2.25
24	24.5	6	3	4.8	6.5	2.5
(27)	27.5	6.8	3.4	5.5	7	2.75
30	30.5	7.5	3.75	6	8	3
36	36.6	9	4.5			

表 8-63　圆螺母用止动垫圈（GB/T 858—1988 摘录）　　　　单位：mm

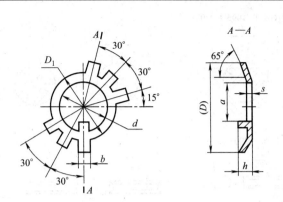

标记示例：
规格 16mm、材料为 Q235、经退火表面氧化的圆螺母用止动垫圈：
垫圈 GB/T 858　16

规格（螺纹大径）	d	(D)	D₁	s	b	a	h	轴端 b₁	轴端 t	规格（螺纹大径）	d	(D)	D₁	s	b	a	h	轴端 b₁	轴端 t
14	14.5	32	30		3.8	11	3	4	10	55*	56	82	67			52			—
16	16.5	34	22			13			12	56	57	90	74			53			52
18	18.5	35	24			15			14	60	61	94	79	7.7		57	6	8	56
20	20.5	38	27			17			16	64	65	100	84			61			60
22	22.5	42	30	1	4.8	19	4	5	18	65*	66	100	84			62			—
24	24.5	45	34			21			20	68	69	105	88	1.5		65			64
25*	25.5	45	34			22				72	73	110	93			69			68
27	27.5	48	37			24			23	75*	76	110	93		9.6	71		10	—
30	30.5	52	40			27			26	76	77	115	98			72			70
33	33.5	56	43			30			29	80	81	120	103			76			74
35*	35.5	56	43			32			—	85	86	125	108			81			79
36	36.5	60	46			33			32	90	91	130	112			86			84
39	39.5	62	49		5.7	36	5	6	35	95	96	135	117		11.6	91	7	12	89
40*	40.5	62	49	1.5		37			—	100	101	140	122			96			94
42	42.5	66	53			39			38	105	106	145	127			101			99
45	45.5	72	59			42			41	110	111	156	135	2		106			104
48	48.5	76	61			45			44	115	116	160	140			111			109
50*	50.5	76	61		7.7	47	8		—	120	121	166	145		13.5	116	8	14	114
52	52.5	82	67			49		6	48	125	126	170	150			121			119

注：标有 * 仅用于滚动轴承锁紧装置。

表 8-64　普通平键的基本规格（GB/T 1095、1096—2003 摘录）　　　单位：mm

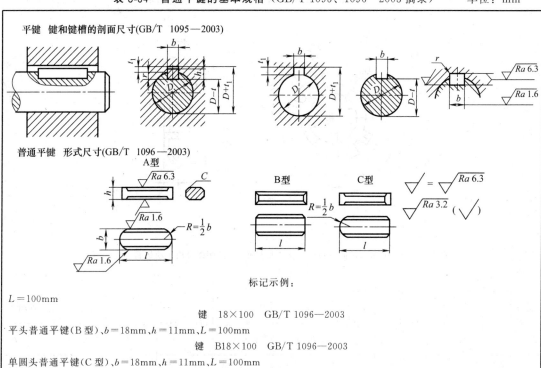

平键　键和键槽的剖面尺寸(GB/T 1095—2003)

普通平键　形式尺寸(GB/T 1096—2003)

A型　B型　C型　$R=\frac{1}{2}b$

标记示例：

$L=100$mm

键　18×100　GB/T 1096—2003

平头普通平键（B型）、$b=18$mm、$h=11$mm、$L=100$mm

键　B18×100　GB/T 1096—2003

单圆头普通平键（C型）、$b=18$mm、$h=11$mm、$L=100$mm

键　C18×100　GB/T 1096—2003

轴	键	键槽												
		宽度 b						深度				半径 r	
轴径 D	公称尺寸 $b\times h$	公称尺寸 b	偏差					轴 t		毂 t_1			
			较松键连接		一般键连接		较紧键连接						
			轴 H9	毂 D10	轴 N9	毂 Js9	轴和毂 P9	公称	偏差	公称	偏差	最小	最大
自 6~8	2×2	2	+0.025 0	+0.060 +0.020	−0.004 −0.029	±0.0125	−0.006 −0.031	1.2	+0.1 0	1	+0.1 0	0.08	0.16
8~10	3×3	3						1.8		1.4			
10~12	4×4	4	+0.030 0	+0.078 +0.030	0 −0.030	±0.015	−0.012 −0.042	2.5		1.8			
12~17	5×5	5						3.0		2.3			
17~22	6×6	6						3.5		2.8		0.16	0.25
22~30	8×7	8	+0.036 0	+0.098 +0.040	0 −0.036	±0.018	−0.015 −0.051	4.0		3.3			
30~38	10×8	10						5.0		3.3			
38~44	12×8	12	+0.043 0	+0.120 +0.050	0 −0.043	±0.0215	−0.018 −0.051	5.0		3.3		0.25	0.40
44~50	14×9	14						5.5		3.8			
50~58	16×10	16						6.0	+0.2 0	4.3	+0.2 0		
58~65	18×11	18						7.0		4.4			
65~75	20×12	20	+0.052 0	+0.149 +0.065	0 −0.052	±0.026	0.022 −0.074	7.5		4.9		0.40	0.60
75~85	22×14	22						9.0		5.4			
85~95	25×14	25						9.0		5.4			
95~110	28×16	28						10.0		6.4			

注：1. $D-t$ 和 $D+t_1$ 两组组合尺寸的偏差按相应的 t 和 t_1 的偏差选取，但 $D-t$ 偏差值应取负号（−）。

2. 对于键，b 的偏差按 h9，h 的偏差按 h11、L 的偏差按 h14。

3. 长度（L）系列为：6，8，10，12，14，16，18，20，22，25，28，32，35，40，45，50，55，60，70，80，90，100，…，500。

表 8-65 半圆键（GB/T 1098、1099.1—2003摘录） 单位：mm

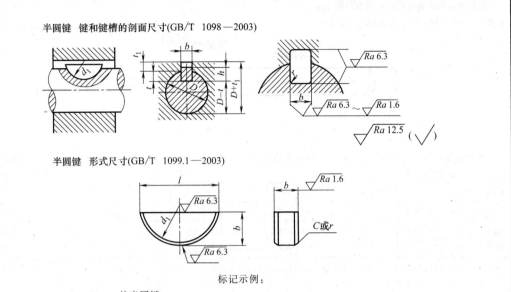

半圆键 键和键槽的剖面尺寸(GB/T 1098—2003)

半圆键 形式尺寸(GB/T 1099.1—2003)

标记示例：

$b=6mm、h=10mm、d_1=25mm$ 的半圆键：

键 GB/T 1099.1—2003 6×25

轴径 D		键	键 槽								
			宽度 b				深度				半径 r
键传递转矩	键定位用	公称尺寸 $b×h×d_1$	公称尺寸 b	极限偏差			轴 t		毂 t_1		
				一般键连接		较紧键连接					
				轴 N9	毂 Js9	轴和毂 P9	公称	偏差	公称	偏差	最小	最大
自3~4	自3~4	1.0×1.4×4	1.0				1.0		0.6			
4~5	4~6	1.5×2.6×7	1.5				2.0		0.8			
5~6	6~8	2.0×2.6×7	2.0				1.8	+0.1 0	1.0		0.08	0.16
6~7	8~10	2.0×3.7×10	2.0	−0.004 −0.029	±0.012	−0.006 −0.031	2.9		1.0	+0.1		
7~8	10~12	2.5×3.7×10	2.5				2.7		1.2			
8~10	12~15	3.0×5.0×12	3.0				3.8		1.4			
10~12	15~18	3.0×6.5×16	3.0				5.3		1.4			
12~14	18~20	4.0×6.5×16	4.0				5.0		1.8			
14~16	20~22	4.0×7.5×19	4.0				6.0	+0.2 0	1.8			
16~18	22~25	5.0×6.5×19	5.0				4.5		2.3		0.16	0.25
18~20	25~28	5.0×7.5×19	5.0	0 −0.030	±0.015	−0.012 −0.042	5.5		2.3	0		
20~22	28~32	5.0×9.0×22	5.0				7.0		2.3			
22~25	32~36	6.0×9.0×22	6.0				6.5		2.8			
25~28	36~40	6.0×10.0×25	6.0				7.5	+0.3 0	2.8	+0.2 0		
28~32	40	8.0×11.0×28	8.0	0 −0.036	±0.018	−0.015 −0.051	8.0		3.3		0.25	0.40
32~38	—	10.0×13.0×32	10.0				10.0		3.3			

注：$D−t$ 和 $D+t_1$ 两组合尺寸的极限偏差按相应的 t 和 t_1 的极限偏差选取，但 $D−t$ 极限偏差值应取负号。

表 8-66　圆锥销（GB/T 117—2000 摘录）　　　　单位：mm

A 型（磨削）：锥面表面粗糙度值 $Ra=0.8\mu m$
B 型（切削或冷镦）：锥面表面粗糙度值 $Ra=3.2\mu m$

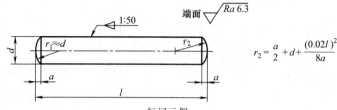

端面 $\sqrt{Ra\,6.3}$

$$r_2=\dfrac{a}{2}+d+\dfrac{(0.02l)^2}{8a}$$

标记示例：

公称直径 $d=6mm$、公称长度 $l=30mm$、材料为 35 钢、热处理硬度 28～38HRC、表面氧化处理 A 型圆锥销的标记：

销　　GB/T 117　6×30

d(h10)	0.6	0.8	1	1.2	1.5	2	2.5	3	4	5	6	8	10	12	16	20	25	30	40	50
a	0.08	0.1	0.12	0.16	0.2	0.25	0.3	0.4	0.5	0.63	0.8	1	1.2	1.6	2	2.5	3	4	5	6.3
商品规格 l	4～8	5～12	6～16	6～20	8～24	10～35	10～35	12～45	14～55	18～60	22～90	22～120	26～160	32～180	40～200	45～200	50～200	55～200	60～200	65～200
l 系列	\multicolumn{20}{}{2,3,4,5,6,8,10,12,14,16,18,20,22,24,26,28,30,32,35,40,45,50,55,60,65,70,75,80,85,90,95,100,120,140,160,180,200}
技术条件 材料	\multicolumn{20}{}{易切钢：Y12、Y15；碳素钢：35、45；合金钢：30CrMnSiA；不锈钢 1Cr13、2Cr13、Cr17Ni2、0Cr18Ni9Ti}
技术条件 表面处理	\multicolumn{20}{}{①钢：不经处理；氧化；磷化；镀锌钝化。②不锈钢：简单处理。③其他表面镀层或表面处理，由供需双方协议。④所有公差仅适用于涂、镀前的公差}

注：1. d 的其他公差，如 a11、c11、f8 由供需双方协议。
　　2. 公称长度大于 200mm，按 20mm 递增。

表 8-67　圆柱销（GB/T 119.1、119.2—2000 摘录）　　　　单位：mm

圆柱销　不淬硬钢和奥氏体不锈钢
（GB/T 119.1—2000）

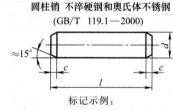

标记示例：

公称直径 $d=6mm$，其公差为 m6、公称长度 $l=30mm$、材料为钢、不经淬火、不经表面处理的圆柱销：

销　GB/T 119.1　6m6×30

公称直径 $d=6mm$，其公差为 m6、公称长度 $l=30mm$、材料为 A1 组奥氏体不锈钢、表面简单处理的圆柱销：

销　GB/T 119.1　6m6×30-A1

圆柱销　淬硬钢和马氏体不锈钢
（GB/T 119.2—2000）
末端形状，由制造者确定

允许倒圆或凹穴

标记示例：

公称直径 $d=6mm$，其公差为 m6、公称长度 $l=30mm$、材料为钢、普通淬火（A 型）、表面氧处理的圆柱销：

销　GB/T 119.2　6×30

公称直径 $d=6mm$，其公差为 m6、公称长度 $l=30mm$、材料为 C1 组马氏体不锈钢、表面简单处理的圆柱销：

销　GB/T 119.2　6×30-C1

d(m6/h8)	0.6	0.8	1	1.2	1.5	2	2.5	3	4	5	6	8	10	12	16	20	25	30	40	50
c	0.12	0.16	0.2	0.25	0.3	0.35	0.4	0.5	0.63	0.8	1.2	1.6	2	2.5	3	3.5	4	5	6.3	8
商品规格 l	2～6	2～8	4～10	4～12	6～16	6～20	6～24	8～30	8～40	10～50	12～60	14～80	18～95	22～140	26～180	35～200	50～200	60～200	80～200	95～200
1m 长的重量 /kg	0.002	0.004	0.006	—	0.014	0.024	0.037	0.054	0.097	0.147	0.221	0.395	0.611	0.887	1.57	2.42	3.83	5.52	9.64	15.2
l 系列	\multicolumn{20}{}{2,3,4,5,6,8,10,12,14,16,18,20,22,24,26,28,30,32,35,40,45,50,55,60,65,70,75,80,85,90,95,100,120,140,160,180,200}

续表

技术条件	材料	GB/T 119.1 钢:奥氏体不锈钢 A1。GB/T 119.2 钢:A 型,普通淬火;B 型,表面淬火;马氏体不锈钢 C1
	表面粗糙度	GB/T 119.1 公差 m6:$Ra \leqslant 0.8\mu m$;h8:$Ra \leqslant 1.6\mu m$。GB/T 119.2 $Ra \leqslant 0.8\mu m$
	表面处理	①钢:不经处理;氧化;磷化;镀锌钝化。②不锈钢:简单处理。③其他表面镀层或表面处理,应由供需双方协议。④所有公差仅适用于涂、镀前的公差

注:1. d 的其他公差由供需双方协议。

2. GB/T 119.2 d 的尺寸范围为 1~20mm。

3. 公称长度大于 200mm（GB/T 119.1）,大于.100mm（GB/T 119.2）,按 20mm 递增。

表 8-68　螺钉紧固轴端挡圈（GB 891—1986）、螺栓紧固轴端挡圈（GB 892—1986）

单位:mm

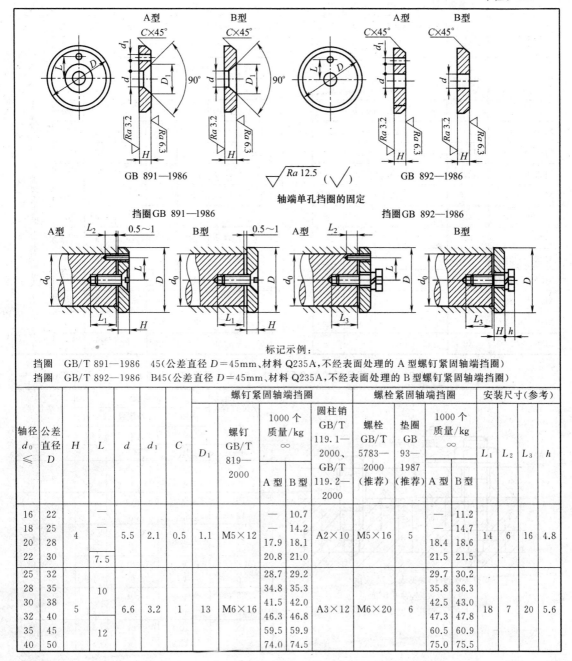

标记示例:

挡圈　GB/T 891—1986　45(公差直径 $D=45$mm,材料 Q235A,不经表面处理的 A 型螺钉紧固轴端挡圈)

挡圈　GB/T 892—1986　B45(公差直径 $D=45$mm,材料 Q235A,不经表面处理的 B 型螺钉紧固轴端挡圈)

轴径 d_0 ≤	公差直径 D	H	L	d	d_1	C	D_1	螺钉紧固轴端挡圈 螺钉 GB/T 819—2000	1000 个质量/kg ∞ A 型	1000 个质量/kg ∞ B 型	圆柱销 GB/T 119.1—2000、GB/T 119.2—2000	螺栓紧固轴端挡圈 螺栓 GB/T 5783—2000 (推荐)	垫圈 GB 93—1987 (推荐)	1000 个质量/kg ∞ A 型	1000 个质量/kg ∞ B 型	L_1	L_2	L_3	h
16	22	4	—	5.5	2.1	0.5	1.1	M5×12	—	10.7	A2×10	M5×16	5	—	11.2	14	6	16	4.8
18	25		—						—	14.2				—	14.7				
20	28								17.9	18.1				18.4	18.6				
22	30		7.5						20.8	21.0				21.5	21.5				
25	32	5		6.6	3.2	1	13	M6×16	28.7	29.2	A3×12	M6×20	6	29.7	30.2	18	7	20	5.6
28	35		10						34.8	35.3				35.8	36.3				
30	38								41.5	42.0				42.5	43.0				
32	40								46.3	46.8				47.3	47.8				
35	45		12						59.5	59.9				60.5	60.9				
40	50								74.0	74.5				75.0	75.5				

表 8-69　螺栓和螺钉通孔及沉孔尺寸　　　　　　　　　　　单位：mm

螺纹规格	螺栓和螺钉通孔直径 d_h (GB/T 5277—1985 摘录)			沉头螺钉及半沉头螺钉的沉孔 (GB/T 152.2—1988 摘录)				内六角圆柱头螺钉的圆柱头沉孔 (GB/T 152.3—1988 摘录)				六角头螺栓和六角螺母的沉孔 (GB/T 152.4—1988 摘录)			
d	精装配	中等装配	粗装配	d_2	$t\approx$	d_1	α	d_2	t	d_3	d_1	d_2	d_3	d_1	t
M3	3.2	3.4	3.6	6.4	1.6	3.4		6.0	3.4		3.4	9		3.4	只要能制出与通孔轴线垂直的圆平面即可
M4	4.3	4.5	4.8	9.6	2.7	4.5		8.0	4.6		4.5	10	—	4.5	
M5	5.3	5.5	5.8	10.6	2.7	5.5		10.0	5.7		5.5	11		5.5	
M6	6.4	6.6	7	12.8	3.3	6.6		11.0	6.8		6.6	13		6.6	
M8	8.4	9	10	17.6	4.6	9		15.0	9.0		9.0	18		9.0	
M10	10.5	11	12	20.3	5.0	11		18.0	11.0		11.0	22		11.0	
M12	13	13.5	14.5	24.4	6.0	13.5	$90°^{-2°}_{-4°}$	20.0	13.0	16	13.5	26	16	13.5	
M14	15	15.5	16.5	28.4	7.0	15.5		24.0	15.0	18	15.5	30	18	13.5	
M16	17	17.5	18.5	32.4	8.0	17.5		26.0	17.5	20	17.5	33	20	17.5	
M18	19	20	21	—				—				36	22	20.0	
M20	21	22	24	40.4	10.0	22		33.0	21.5	24	22.0	40	24	22.0	
M22	23	24	26	—				—				43	26	24	
M24	25	26	28	—				40.0	25.5	28	26.0	48	28	26	
M27	28	30	32	—				—				53	33	30	
M30	31	33	35	—				48.0	32.0	36	33.0	61	36	33	
M36	37	39	42	—				57.0	38.0	42	39.0	71	42	39	

表 8-70　普通粗牙螺纹的余留长度、钻孔余留深度（参考）　　　　单位：mm

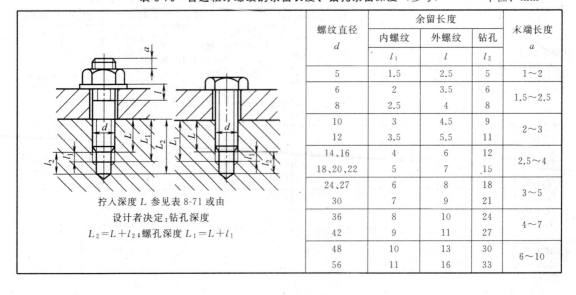

拧入深度 L 参见表 8-71 或由
设计者决定；钻孔深度
$L_2=L+l_2$；螺孔深度 $L_1=L+l_1$

螺纹直径 d	余留长度			末端长度 a
	内螺纹 l_1	外螺纹 l	钻孔 l_2	
5	1.5	2.5	5	1~2
6	2	3.5	6	1.5~2.5
8	2.5	4	8	
10	3	4.5	9	2~3
12	3.5	5.5	11	
14、16	4	6	12	2.5~4
18、20、22	5	7	15	
24、27	6	8	18	3~5
30	7	9	21	
36	8	10	24	4~7
42	9	11	27	
48	10	13	30	6~10
56	11	16	33	

表 8-71　粗牙螺栓、螺钉的拧入深度和螺纹孔尺寸（参考）　　　　　单位：mm

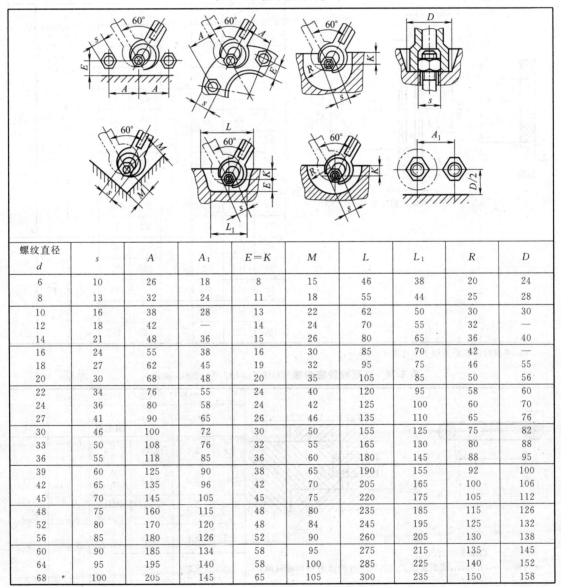

d	d_0	用于钢或青铜		用于铸铁		用于铝	
		h	L	h	L	h	L
6	5	8	6	12	10	15	12
8	6.8	10	8	15	12	20	16
10	8.5	12	10	18	15	24	20
12	10.2	15	12	22	18	28	24
16	14	20	16	28	24	36	32
20	17.5	25	20	35	30	45	40
24	21	30	24	42	35	55	48
30	26.5	36	30	50	45	70	60
36	32	45	36	65	55	80	72
42	37.5	50	42	75	65	95	85

注：h 为内螺纹通孔长度；L 为双头螺栓或螺钉拧入深度；d_0 为攻螺纹前钻孔直径。

表 8-72　扳手空间（参考）　　　　　单位：mm

螺纹直径 d	s	A	A_1	$E=K$	M	L	L_1	R	D
6	10	26	18	8	15	46	38	20	24
8	13	32	24	11	18	55	44	25	28
10	16	38	28	13	22	62	50	30	30
12	18	42	—	14	24	70	55	32	—
14	21	48	36	15	26	80	65	36	40
16	24	55	38	16	30	85	70	42	—
18	27	62	45	19	32	95	75	46	55
20	30	68	48	20	35	105	85	50	56
22	34	76	55	24	40	120	95	58	60
24	36	80	58	24	42	125	100	60	70
27	41	90	65	26	46	135	110	65	76
30	46	100	72	30	50	155	125	75	82
33	50	108	76	32	55	165	130	80	88
36	55	118	85	36	60	180	145	88	95
39	60	125	90	38	65	190	155	92	100
42	65	135	96	42	70	205	165	100	106
45	70	145	105	45	75	220	175	105	112
48	75	160	115	48	80	235	185	115	126
52	80	170	120	48	84	245	195	125	132
56	85	180	126	52	90	260	205	130	138
60	90	185	134	58	95	275	215	135	145
64	95	195	140	58	100	285	225	140	152
68	100	205	145	65	105	300	235	150	158

第六节　密封件

密封件的常用标准及规范见表8-73～表8-78。

表8-73　毡圈油封及槽（参考）　　　单位：mm

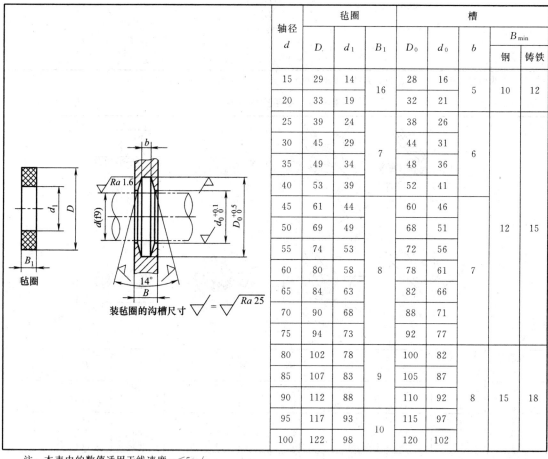

轴径 d	毡圈			槽				
	D	d_1	B_1	D_0	d_0	b	B_{min}	
							钢	铸铁
15	29	14	16	28	16	5	10	12
20	33	19		32	21			
25	39	24	7	38	26	6		
30	45	29		44	31			
35	49	34		48	36			
40	53	39		52	41			
45	61	44		60	46		12	15
50	69	49		68	51			
55	74	53	8	72	56	7		
60	80	58		78	61			
65	84	63		82	66			
70	90	68		88	71			
75	94	73		92	77			
80	102	78	9	100	82	8	15	18
85	107	83		105	87			
90	112	88		110	92			
95	117	93	10	115	97			
100	122	98		120	102			

注：本表内的数值适用于线速度 $v<5$m/s。

表8-74　O形橡胶密封圈（GB/T 3452.1—2005摘录）　　　单位：mm

<table>
<tr><td colspan="7">沟槽尺寸(GB/T 3452.3—2005)</td></tr>
<tr><td>d_2</td><td>$b_0^{+0.255}$</td><td>$h_0^{+0.10}$</td><td>d_3 偏差值</td><td>r_1</td><td>r_2</td></tr>
<tr><td>1.8</td><td>2.4</td><td>1.38</td><td>0
−0.04</td><td>0.2～
0.4</td><td rowspan="5">0.1～
0.3</td></tr>
<tr><td>2.65</td><td>3.6</td><td>2.07</td><td>0
−0.05</td><td rowspan="2">0.4～
0.8</td></tr>
<tr><td>3.55</td><td>4.8</td><td>2.74</td><td>0
−0.06</td></tr>
<tr><td>5.3</td><td>7.1</td><td>4.19</td><td>0
−0.07</td><td rowspan="2">0.8～
1.2</td></tr>
<tr><td>7.0</td><td>9.5</td><td>5.67</td><td>0
−0.09</td></tr>
</table>

标记示例：

40×3.55　GB/T 3452.1

（内径 $d_1=40.0$mm，截面直径 $d_2=3.55$mm 的通用O形密封圈）

续表

内径 d_1	极限偏差	截面直径 d_2 1.80±0.08	2.65±0.09	3.55±0.10
13.2		*	*	
14.0		*	*	
15.0	±0.17	*	*	
16.0		*	*	
17.0		*	*	
18.0				*
19.0		*	*	*
20.0		*	*	*
21.2		*	*	*
22.4		*	*	*
23.6		*	*	*
25.0	±0.22	*	*	*
25.8		*	*	*
26.5		*	*	*
28.0		*	*	*
30.0		*	*	*
31.5	±0.30		*	*
32.5		*	*	

内径 d_1	极限偏差	截面直径 d_2 2.65±0.09	3.55±0.10	5.30±0.13
56.0		*	*	*
58.0		*	*	*
60.0	±0.44	*	*	*
61.5		*	*	*
63.0		*	*	*
65.0			*	*
67.0		*	*	*
69.0			*	*
71.0	±0.53		*	*
73.0			*	*
75.0			*	*
77.5			*	*
80.0		*	*	*
82.5			*	*
85.0			*	*
87.5	±0.65		*	*
90.0			*	*
92.5			*	*

内径 d_1	极限偏差	截面直径 d_2 1.80±0.08	2.65±0.09	3.55±0.10	5.30±0.13
33.5			*	*	
34.5		*	*	*	
35.5			*	*	
36.5	±0.30	*	*	*	
37.5			*	*	
38.7		*	*	*	
40.0			*	*	*
41.2			*	*	*
42.5		*	*	*	*
43.7			*	*	*
45.0	±0.36		*	*	*
46.2		*	*	*	*
47.5			*	*	*
48.7			*	*	*
50.0		*	*	*	*
51.5			*	*	*
53.0	±0.44		*	*	*
54.5			*	*	*

内径 d_1	极限偏差	截面直径 d_2 2.65±0.09	3.55±0.10	5.30±0.13	7.0±0.15
95.0		*	*	*	
97.5			*	*	
100		*	*	*	
103			*	*	
106	±0.65	*	*	*	
109			*	*	*
112		*	*	*	*
115			*	*	*
118		*	*	*	*
122			*	*	*
125			*	*	*
128		*	*	*	*
132		*	*	*	*
136	±0.90		*	*	*
140		*	*	*	*
145			*	*	*
150		*	*	*	*
155			*	*	*

注：表中"*"为适合选用。

表 8-75 J 形无骨架橡胶油封（HG 4-338—1966 摘录）（1988 年确认继续执行）

单位：mm

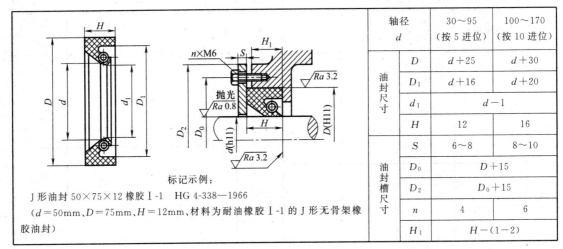

轴径 d		30~95（按 5 进位）	100~170（按 10 进位）
油封尺寸	D	$d+25$	$d+30$
	D_1	$d+16$	$d+20$
	d_1	$d-1$	
	H	12	16
油封槽尺寸	S	6~8	8~10
	D_0	$D+15$	
	D_2	D_0+15	
	n	4	6
	H_1	$H-(1~2)$	

标记示例：

J 形油封 50×75×12 橡胶 I-1 HG 4-338—1966

（$d=50$mm，$D=75$mm，$H=12$mm，材料为耐油橡胶 I-1 的 J 形无骨架橡胶油封）

表 8-76 旋转轴唇形密封圈的形式、尺寸及其安装要求（GB/T 13871.1—2007 摘录）

单位：mm

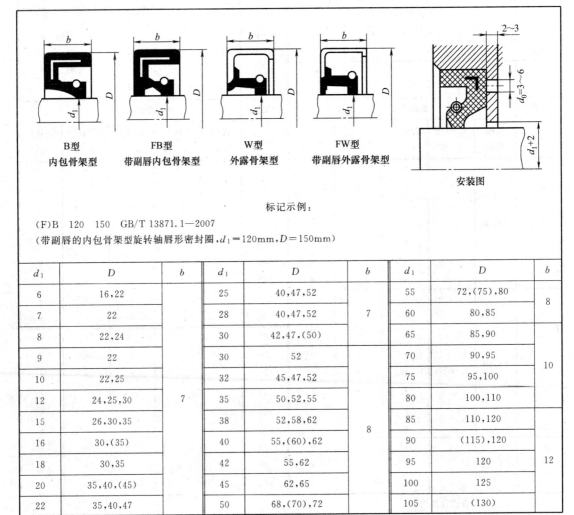

B 型 内包骨架型　　FB 型 带副唇内包骨架型　　W 型 外露骨架型　　FW 型 带副唇外露骨架型

安装图

标记示例：

(F)B　120　150　GB/T 13871.1—2007

（带副唇的内包骨架型旋转轴唇形密封圈，$d_1=120$mm，$D=150$mm）

d_1	D	b	d_1	D	b	d_1	D	b
6	16,22		25	40,47,52		55	72,(75),80	8
7	22		28	40,47,52	7	60	80,85	
8	22,24		30	42,47,(50)		65	85,90	
9	22		30	52		70	90,95	10
10	22,25		32	45,47,52		75	95,100	
12	24,25,30	7	35	50,52,55		80	100,110	
15	26,30,35		38	52,58,62		85	110,120	
16	30,(35)		40	55,(60),62	8	90	(115),120	12
18	30,35		42	55,62		95	120	
20	35,40,(45)		45	62,65		100	125	
22	35,40,47		50	68,(70),72		105	(130)	

续表

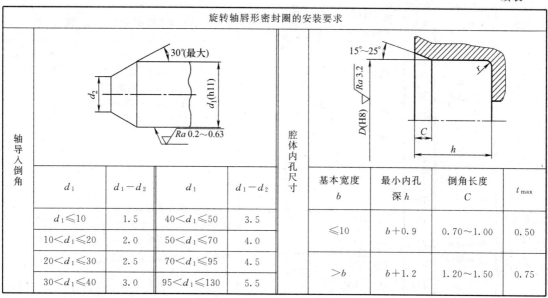

轴导入倒角	d_1	d_1-d_2	d_1	d_1-d_2	腔体内孔尺寸	基本宽度 b	最小内孔深 h	倒角长度 C	t_{max}
	$d_1\leqslant10$	1.5	$40<d_1\leqslant50$	3.5		$\leqslant10$	$b+0.9$	$0.70\sim1.00$	0.50
	$10<d_1\leqslant20$	2.0	$50<d_1\leqslant70$	4.0					
	$20<d_1\leqslant30$	2.5	$70<d_1\leqslant95$	4.5		$>b$	$b+1.2$	$1.20\sim1.50$	0.75
	$30<d_1\leqslant40$	3.0	$95<d_1\leqslant130$	5.5					

注：1. 标准中考虑到国内实际情况，除全部采用国际标准的基本尺寸外，还补充了若干种国内常用的规格，并加括号以示区别。

2. 安装要求中若轴端采用倒圆倒入导角，则倒圆的圆角半径不小于表中的 d_1-d_2 之值。

表 8-77　油沟式密封槽（参考）　　　　　单位：mm

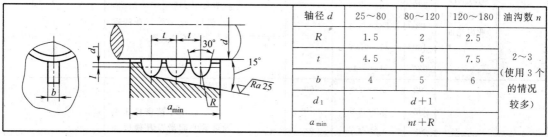

轴径 d	$25\sim80$	$80\sim120$	$120\sim180$	油沟数 n
R	1.5	2	2.5	
t	4.5	6	7.5	$2\sim3$（使用3个的情况较多）
b	4	5	6	
d_1		$d+1$		
a_{min}		$nt+R$		

表 8-78　迷宫式密封槽　　　　　　　　　单位：mm

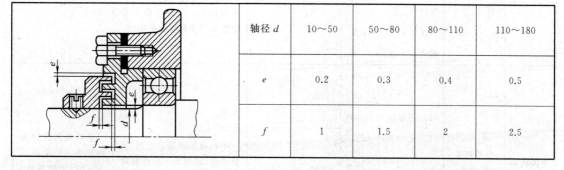

轴径 d	$10\sim50$	$50\sim80$	$80\sim110$	$110\sim180$
e	0.2	0.3	0.4	0.5
f	1	1.5	2	2.5

 第七节　润滑剂

润滑剂的常用标准及规范见表 8-79、表 8-80。

表 8-79 工业常用润滑油的性能和用途

类别	品种代号	牌号	运动黏度[1]/(mm²/s)	闪点/℃ 不低于	倾点/℃ 不高于	主要性能和用途	说　明
工业闭式齿轮油 (GB 5903—2011)	L-CKB 抗氧防锈工业齿轮油	46	41.4~50.6	180	−5	具有良好的抗氧化性、抗腐蚀性、抗浮化性等性能,适用于齿面应力在 500MPa 以下的一般工业闭式齿轮传动的润滑	L-润滑剂类
		68	61.2~74.8				
		100	90~110				
		150	135~165				
		220	198~242	200			
		320	288~352				
	L-CKC 中载荷工业齿轮油	68	61.2~74.8	180	−8	具有良好的极压抗磨和热氧化安定性,适用冶金、矿山、机械、水泥等工业的中载荷(500~1100MPa)闭式齿轮的润滑	
		100	90~110				
		150	135~165				
		220	198~242				
		320	288~352				
		460	414~506				
		680	612~748		−5		
	L-CKD 重载荷工业齿轮油	100	90~110	180	−8	具有更好的极压抗磨性、抗氧化性,适用于矿山、冶金、机械、化工等行业的重载荷齿轮传动装置	
		150	135~165				
		220	198~242				
		320	288~352	200			
		460	414~506				
		680	612~748		−5		
主轴油	主轴油 (SH/T 0017—1990)	N2	2.0~2.4	60	凝点不高于−15	主要适用于精密机床主轴轴承的润滑及其他以油浴、压力、油雾润滑为润滑方式的滑动轴承和滚动轴承的润滑。N10 可作为普通轴承用油和缝纫机用油	SH 为石化部标准代号
		N3	2.9~3.5	70			
		N5	4.2~5.1	80			
		N7	6.2~7.5	90			
		N10	9.0~11.0	100			
		N15	13.5~16.5	110			
		N22	19.8~24.2	120			
全损耗系统用油	L-AN 全损耗系统用油 (GB 433—1989)	5	4.14~5.06	80	−5	不加或加少量添加剂,质量不高,适用于一次性润滑和某些要求较低、换油周期较短的油浴式润滑	全损耗系统用油包括 L-AN 全损耗系统油(原机械油)和主轴油(铁路机车主轴油)
		7	6.12~7.48	110			
		10	9.00~11.00	130			
		15	13.5~16.5				
		22	19.8~24.2	150			
		32	28.8~35.2				
		46	41.4~50.6				
		68	61.2~74.8	160			
		100	90.0~110				
		150	135~165	180			

① 在 40℃ 的条件下。

表 8-80 常用润滑脂的主要性质和用途

名 称	代 号	滴点/℃ 不低于	工作锥入度 (25℃,150g) 1/10mm	主 要 用 途
钙基润滑脂 (GB 491—2008)	L-XAAMHA1	80	310～340	有耐水性能。用于工作温度低于 55～60℃ 的各种工农业、交通运输机械设备的轴承润滑,特别是有水或潮湿处
	L-XAAMHA2	85	265～295	
	L-XAAMHA3	90	220～250	
	L-XAAMHA4	95	175～205	
钠基润滑脂 (GB 492—1989)	L-XACMGA2	160	265～295	不耐水(或潮湿)。用于工作温度在 −10～110℃ 的一般中等载荷机械设备轴承润滑
	L-XACMGA3		220～250	
通用锂基润滑脂 (GB 7324—2010)	ZL-1	170	310～340	有良好的耐水性和耐热性。适用于温度在较潮湿环境中工作的机械润滑,多用于铁路机车、列车、小电动机、发电机滚动轴承(温度较高者)的润滑。不适于低温工作
	ZL-2	175	265～295	
	ZL-3	180	220～250	
钙钠基润滑脂 (SH/T 0368—1992)	ZGN-2	120	250～290	用于工作温度在 80～100℃、有水分或较潮湿环境中工作的机械润滑,多用于铁路机车、列车、小电动机、发电机滚动轴承(温度较高者)的润滑。不适于低温工作
	ZGN-3	135	200～240	
石墨钙基润滑脂 (SH/T 0369—1992)	ZG-S	80	—	人字齿轮,起重机、挖掘机的底盘齿轮,矿山机械、绞车钢丝绳等高载荷、高压力、低速度的粗糙机械润滑及一般开式齿轮润滑。能耐潮湿
滚珠轴承润滑脂 (SH/T 0386—1992)	ZGN 69-2	120	250～290 (−40℃ 时为 30)	用于机车、汽车、电动机及其他机械的滚动轴承润滑
7407 号齿轮润滑脂 (SH/T 0469—1994)		160	75～90	适用于各种低速,中、重载荷齿轮、链和联轴器等的润滑,使用温度不大于 120℃,可承受冲击载荷
高温润滑脂 (GB 11124—1989)	7014-1 号	280	62～75	适用于高温下各种滚动轴承的润滑,也可用于一般滑动轴承和齿轮的润滑。使用温度为 −40～200℃
工业凡士林 (SH 0039—1990)		54	—	适用于作金属零件、机器的防锈,在机械的温度不高和载荷不大时,可用作减摩润滑脂

第八节 电动机

一、Y 系列三相异步电动机（JB/T 10391—2008 摘录）

Y 系列电动机为全封闭自扇冷式笼型三相异步电动机,是按照国际电工委员会（IEC）标准设计的,具有国际互换性的特点。用于空气中不含易燃、易爆或腐蚀性气体的场所,适用于无特殊要求的机械上,如机床、泵、风机、运输机、搅拌机、农业机械等。也用于某些需要高启动转矩的机器上,如压缩机。Y 系列三相异步电动机的常用标准及规范见表 8-81～表 8-85。

表 8-81 Y 系列（IP44）电动机技术数据

电动机型号	额定功率/kW	满载转速/(r/min)	堵转转矩/额定转矩	最大转矩/额定转矩	电动机型号	额定功率/kW	满载转速/(r/min)	堵转转矩/额定转矩	最大转矩/额定转矩
同步转速 3000r/min，2 极					同步转速 1500r/min，4 极				
Y801-2	0.75	2825	2.2	2.2	Y801-4	0.55	1390	2.2	2.2
Y802-2	1.1	2825	2.2	2.2	Y802-4	0.75	1390	2.2	2.2
Y90S-2	1.5	2840	2.2	2.2	Y90S-4	1.1	1400	2.2	2.2
Y90L-2	2.2	2840	2.2	2.2	Y90L-4	1.5	1400	2.2	2.2
Y100L-2	3	2880	2.2	2.2	Y100L1-4	2.2	1420	2.2	2.2
Y112M-2	4	2890	2.2	2.2	Y100L2-4	3	1420	2.2	2.2
Y132S1-2	5.5	2900	2.0	2.2	Y112M-4	4	1440	2.2	2.2
Y132S2-2	7.5	2900	2.0	2.2	Y132S-4	5.5	1440	2.2	2.2
Y160M1-2	11	2930	2.0	2.2	Y132M-4	7.5	1440	2.2	2.2
Y160M2-2	15	2930	2.0	2.2	Y160M-4	11	1460	2.2	2.2
Y160L-2	18.5	2930	2.0	2.2	Y160L-4	15	1460	2.2	2.2
Y180M-2	22	2930	2.0	2.2	Y180M-4	18.5	1470	2.0	2.2
Y200L1-2	30	2950	2.0	2.2	Y180L-4	22	1470	2.0	2.2
Y200L2-2	37	2950	2.0	2.2	Y200L-4	30	1470	2.0	2.2
Y225M-2	45	2970	2.0	2.2	Y225S-4	37	1480	1.9	2.2
Y250M-2	55	2970	2.0	2.2	Y225M-4	45	1480	1.9	2.2
同步转速 1000r/min，6 极					Y250M-4	55	1480	2.0	2.2
Y90S-6	0.75	910	2.0	2.0	Y280S-4	75	1480	1.9	2.2
Y90L-6	1.1	910	2.0	2.0	Y280M-4	90	1480	1.9	2.2
Y100L-6	1.5	940	2.0	2.0	同步转速 750r/min，8 极				
Y112M-6	2.2	940	2.0	2.0	Y132S-8	2.2	710	2.0	2.0
Y132S-6	3	960	2.0	2.0	Y132M-8	3	710	2.0	2.0
Y132M1-6	4	960	2.0	2.0	Y160M1-8	4	720	2.0	2.0
Y132M2-6	5.5	960	2.0	2.0	Y160M2-8	5.5	720	2.0	2.0
Y160M-6	7.5	970	2.0	2.0	Y160L-8	7.5	720	2.0	2.0
Y160L-6	11	970	2.0	2.0	Y180L-8	11	730	1.7	2.0
Y180L-6	15	970	1.8	2.0	Y200L-8	15	730	1.8	2.0
Y200L1-6	18.5	970	1.8	2.0	Y225S-8	18.5	730	1.7	2.0
Y200L2-6	22	970	1.8	2.0	Y225M-8	22	730	1.8	2.0
Y225M-6	30	980	1.7	2.0	Y250M-8	30	730	1.8	2.0
Y250M-6	37	980	1.8	2.0	Y280S-8	37	740	1.8	2.0
Y280S-6	45	980	1.8	2.0	Y280M-8	45	740	1.8	2.0
Y280M-6	55	980	1.8	2.0					

注：电动机型号意义以 Y132S2-2-B3 为例，Y 表示系列代号，132 表示机座中心高，S2 表示短机座第二种铁芯长度（M——中机座，L——长机座），2 为电动机的极数，B3 表示安装形式。

表 8-82　Y 系列电动机安装代号

安装形式	基本安装型	由 B3 派生安装型				
	B3	V5	V6	B6	B7	B8
示意图						
中心高/mm	80~280	80~160				
安装形式	基本安装型	由 B5 派生安装型		基本安装型	由 B35 派生安装型	
	B3	V1	V3	B35	V15	V36
示意图						
中心高/mm	80~225	80~280	80~160	80~280	80~160	

表 8-83　机座带底脚、端盖无凸缘（B3、B6、B7、B8、V5、V6 型）电动机的安装及外形尺寸

单位：mm

Y80~Y132　　　Y160~Y280

机座号	极数	A	B	C	D	E	F	G	H	K	AB	AC	AD	HD	BB	L
80	2、4	125	100	50	19	40	6	15.5	80	10	165	165	150	170	130	285
90S	2、4、6	140		56	24	50		20	90		180	175	155	190		310
90L		140	125	56	24	50	8	20	90		180	175	155	190	155	335
100L		160		63	28	60	8	24	100	12	205	205	180	245	170	380
112M		190	140	70	28	60		24	112		245	230	190	265	180	400
132S		216		89	38	80	10	33	132		280	270	210	315	200	475
132M		216	178	89	38	80	10	33	132		280	270	210	315	238	515
160M	2、4、6、8	254	210	108	42		12	37	160	15	330	325	255	385	270	600
160L		254	254	108	42		12	37	160		330	325	255	385	314	645
180M		279	241	121	48	110	14	42.5	180		355	360	285	430	311	670
180L		279	279	121	48	110	14	42.5	180		355	360	285	430	349	710
200L		318	305	133	55		16	49	200		395	400	310	475	379	775
225S	4、8	356	286	149	60	140	18	53	225	19	435	450	345	530	368	820
225M	2	356	311	149	55	110	16	49	225		435	450	345	530	393	815
225M	4、6、8	356	311	149	60			53	225		435	450	345	530	393	845
250M	2	406	349	168	60		18	53	250		490	495	385	575	455	930
250M	4、6、8	406	349	168	65		18	58	250		490	495	385	575	455	930
280S	2	457	368	190	65	140	18	58	280	24	550	555	410	640	530	1000
280S	4、6、8	457	368	190	75		20	67.5	280		550	555	410	640	530	1000
280M	2	457	419	190	65		18	58	280		550	555	410	640	581	1050
280M	4、6、8	457	419	190	75		20	67.5	280		550	555	410	640	581	1050

D 公差：90S~132M 为 +0.009 −0.004；160M~225S 为 +0.018 +0.002；225M~280M 为 +0.030 +0.011

表 8-84　机座带底脚、端盖有凸缘（V35、V15、V36 型）电动机的安装及外形尺寸

单位：mm

Y80～Y132　　　Y160～Y280

机座号	极数	A	B	C	D	E	F	G	H	K	M	N	P	R	S	T	凸缘孔数	AB	AC	AD	HD	BB	L
80	2、4	125	100	50	19	40	6	15.5	80		165	130	200		12	3.5		165	165	150	170	130	285
90S	2、4、6	140		56	24	50	8	20	90	10								180	175	155	190		310
90L			125		$^{+0.009}_{-0.004}$																	155	335
100L		160		63	28	60		24	100		215	180	250					205	205	180	245	176	380
112M		190	140	70					112	12					15	4		245	230	190	265	180	400
132S		216		89	38	80	10	33	132		265	230	300				4	280	270	210	315	200	475
132M			178																			238	515
160M	2、4、6、8	254	210	108	42		12	37	160	15	300	250	350					330	325	255	385	270	600
160L			254		$^{+0.018}_{+0.002}$																	314	645
180M		279	241	121	48	110	14	42.5	180									355	360	285	430	311	670
180L			279											0								349	710
200L		318	305	133	55		16	49	200	19	350	300	400					395	400	310	475	379	775
225S	4、8		286	149	60	140	18	53	225		400	350	450					435	450	345	530	368	820
225M	2	356	311	149	55	110	16	49							19	5						393	815
	4、6、8				60			53															845
250M	2	406	349	168	60		18	53	250								8	490	495	385	575	455	930
	4、6、8				65			58															
280S	2		368		65	140		58	280	24	500	450	550									530	1000
	4、6、8	457		190	75		20	67.5										550	555	410	640		
280M	2		419		65		18	58														581	1050
	4、6、8				75		20	67.5															

注：1. Y80～Y200时，γ＝45°；Y225～Y280时，γ＝22.5°。

2. N 的极限偏差130和180为 $^{+0.014}_{-0.011}$，230和250为 $^{+0.016}_{-0.013}$，300为±0.016，350为±0.018，450为±0.020。

表 8-85　机座不带底脚、端盖有凸缘（B5、V3 型）和立式安装、

机座不带底脚、端盖有凸缘，轴伸向下（V1 型）电动机的安装及外形尺寸 单位：mm

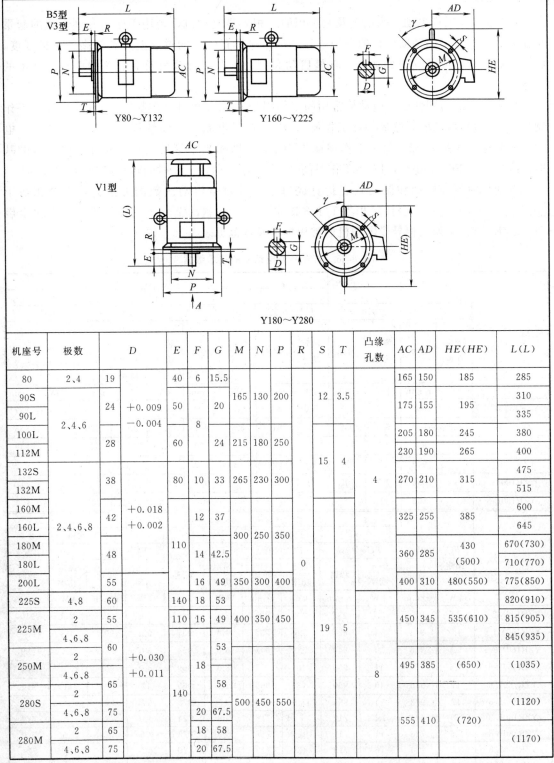

Y80～Y280

机座号	极数	D	E	F	G	M	N	P	R	S	T	凸缘孔数	AC	AD	HE(HE)	L(L)
80	2、4	19	40	6	15.5	165	130	200		12	3.5	4	165	150	185	285
90S	2、4、6	24 $^{+0.009}_{-0.004}$	50	8	20	165	130	200		12	3.5	4	175	155	195	310
90L		24	50	8	20	165	130	200		12	3.5	4	175	155	195	335
100L		28	60	8	20	215	180	250		15	4	4	205	180	245	380
112M		28	60	8	24	215	180	250		15	4	4	230	190	265	400
132S	2、4、6、8	38	80	10	33	265	230	300		15	4	4	270	210	315	475
132M		38	80	10	33	265	230	300		15	4	4	270	210	315	515
160M		42 $^{+0.018}_{+0.002}$	110	12	37	300	250	350	0	15	4	4	325	255	385	600
160L		42	110	12	37	300	250	350	0	15	4	4	325	255	385	645
180M		48	110	14	42.5	300	250	350	0	15	4	8	360	285	430	670(730)
180L		48	110	14	42.5	300	250	350	0	15	4	8	360	285	(500)	710(770)
200L		55	110	16	49	350	300	400	0	19	5	8	400	310	480(550)	775(850)
225S	4、8	60	140	18	53	400	350	450	0	19	5	8	450	345	535(610)	820(910)
225M	2	55	110	16	49	400	350	450	0	19	5	8	450	345	535(610)	815(905)
	4、6、8	60	110		53	400	350	450	0	19	5	8	450	345	535(610)	845(935)
250M	2	60	140	18	53	500	450	550	0	19	5	8	495	385	(650)	(1035)
	4、6、8	65	140	18	58	500	450	550	0	19	5	8	495	385	(650)	
280S	2	65	140	18	58	500	450	550	0	19	5	8	555	410	(720)	(1120)
	4、6、8	75	140	20	67.5	500	450	550	0	19	5	8	555	410	(720)	
280M	2	65	140	18	58	500	450	550	0	19	5	8	555	410	(720)	(1170)
	4、6、8	75	140	20	67.5	500	450	550	0	19	5	8	555	410	(720)	

注：1. Y80～Y200 时，γ＝45°；Y225～Y280 时，γ＝22.5°。

2. N 的极限偏差 130 和 180 为 $^{+0.014}_{-0.011}$，230 和 250 为 $^{+0.016}_{-0.013}$，300 为 ±0.016，350 为 ±0.018，450 为 ±0.020。

二、YZR、YZ 系列三相异步电动机（JB/T 10105—1999，JB/T 10104—2011 摘录）

YZR、YZ 系列电动机为冶金及起重用的三相异步电动机，是用于驱动各种形式的起重机械和冶金设备中的辅助机械的专用系列产品。它具有较大的过载能力和较高的机械强度，特别适用于短时或断续周期运行、频繁启动和制动、有时过载荷及有显著的振动与冲击的设备。

根据载荷的不同性质、电动机常用的工作制分为 S2（短时工作制）、S3（断续周期工作制）、S4（包括启动的断续周期性工作制）、S5（包括电制动的断续周期工作制）四种。电动机的额定工作制为 S3，每一工作周期为 10min，即相当于等效启动 6 次/h。电动机的基准负载持续率 FC 为 40%，FC＝工作时间/一个工作周期，工作时间包括启动和制动时间。

电动机的各种启动和制动状态折算成每小时等效全启动次数的方法为：点动相当于 0.25 次全启动；电制动至停转相当于 1.8 次全启动；电制动至全速反转相当于 1.8 次全启动。YZR、YZ 系列三相异步电动机的常用标准及规范见表 8-86～表 8-90。

表 8-86　YZR 系列电动机的技术数据

型　号	S2				S3								
	30min		60min		6 次/h*								
					FC=15%		FC=25%		FC=40%			FC=60%	
	额定功率	转速	额定功率	转速	额定功率	转速	额定功率	转速	额定功率	最大转矩/额定转矩	转速	额定功率	转速
	kW	r/min	kW	r/min	kW	r/min	kW	r/min	kW		r/min	kW	r/min
YZR132M2-6	4.0	900	3.7	908	5.0	875	4.0	900	3.7	2.51	908	3.0	937
YZR160M1-6	6.3	921	5.5	930	7.5	910	6.3	921	5.5	2.56	930	5.0	935
YZR160M2-6	8.5	930	7.5	940	11	908	8.5	930	7.5	2.78	940	6.3	949
YZR160L-6	13	942	11	957	15	920	13	942	11	2.47	945	9.0	952
YZR160L-8	9	694	7.5	705	11	676	9	694	7.5	2.73	705	6	717
YZR180L-8	13	700	11	700	15	690	13	700	11	2.72	700	9	720

型　号	S3		S4 及 S5									
	FC=100%		150 次/h*						300 次/h			
			FC=25%		FC=40%		FC=60%		FC=40%		FC=60%	
	额定功率	转速	额定功率	转速	额定功率	转速	额定功率	转速	额定功率	转速	额定功率	转速
	kW	r/min	kW	r/min	kW	r/min	kW	r/min	kW	r/min	kW	r/min
YZR132M2-6	2.5	950	3.7	915	3.3	925	2.8	940	3.4	925	2.8	940
YZR160M1-6	4.0	944	5.8	927	5.0	935	4.8	937	5.0	935	4.8	937
YZR160M2-6	5.5	956	7.5	940	7.0	945	6.0	954	6.0	954	5.5	959
YZR160L-6	7.5	970	11	950	10	957	8.0	969	8.0	969	7.5	971
YZR180L-6	11	975	15	960	13	965	12	969	12	969	11	972
YZR200L-6	17	973	21	965	18.5	970	17	973	17	973		
YZR160L-8	5	724	7.5	712	7	716	5.8	724	6.0	722	50	727
YZR180L-8	7.5	726	11	711	10	717	8.0	728	8.0	728	7.5	729
YZR200L-8	11	723	15	713	13	718	12	720	12	720	11	724
YZR225M-8	17	723	21	718	18.5	721	17	724	17	724	15	727

注：* 为热等效启动次数。

表 8-87　YZR 系列电动机的安装及外形尺寸（IM1001、IM1002、IM1003 及 IM1004 型）

单位：mm

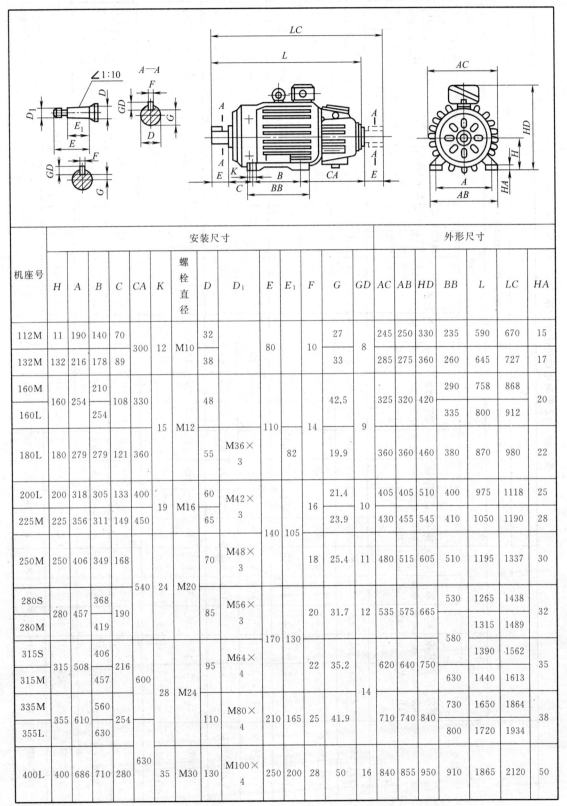

机座号	安装尺寸														外形尺寸						
	H	A	B	C	CA	K	螺栓直径	D	D_1	E	E_1	F	G	GD	AC	AB	HD	BB	L	LC	HA
112M	11	190	140	70	300	12	M10	32		80		10	27	8	245	250	330	235	590	670	15
132M	132	216	178	89				38					33		285	275	360	260	645	727	17
160M	160	254	210	108	330	15	M12	48		110	14		42.5	9	325	320	420	290	758	868	20
160L			254															335	800	912	
180L	180	279	279	121	360			55	M36×3		82	14	19.9		360	360	460	380	870	980	22
200L	200	318	305	133	400	19	M16	60	M42×3	140	105	16	21.4	10	405	405	510	400	975	1118	25
225M	225	356	311	149	450			65					23.9		430	455	545	410	1050	1190	28
250M	250	406	349	168	540	24	M20	70	M48×3			18	25.4	11	480	515	605	510	1195	1337	30
280S	280	457	368	190				85	M56×3	170	130	20	31.7	12	535	575	665	530	1265	1438	32
280M			419															580	1315	1489	
315S	315	508	406	216	600	28	M24	95	M64×4			22	35.2	14	620	640	750		1390	1562	35
315M			457															630	1440	1613	
335M	355	610	560	254				110	M80×4	210	165	25	41.9		710	740	840	730	1650	1864	38
355L			630															800	1720	1934	
400L	400	686	710	280	630	35	M30	130	M100×4	250	200	28	50	16	840	855	950	910	1865	2120	50

表 8-88 YZ 系列电动机技术数据

型号	S2 30min 额定功率/kW	S2 30min 定子电流/A	S2 30min 转速/(r/min)	S2 60min 额定功率/kW	S2 60min 定子电流/A	S2 60min 转速/(r/min)	S3 15% 额定功率/kW	S3 15% 定子电流/A	S3 15% 转速/(r/min)	S3 25% 额定功率/kW	S3 25% 定子电流/A	S3 25% 转速/(r/min)	S3 40% 额定功率/kW	S3 40% 定子电流/A	S3 40% 转速/(r/min)	最大转矩/额定转矩	堵转转矩/额定转矩	堵转电流/额定电流	效率/%	功率因数	60% 额定功率/kW	60% 定子电流/A	60% 转速/(r/min)	100% 额定功率/kW	100% 定子电流/A	100% 转子转速/(r/min)
YZ112M-6	1.8	4.9	892	1.5	4.25	920	2.2	6.5	810	1.8	4.9	892	1.5	4.25	920	2.7	2.44	4.47	69.5	0.765	1.1	2.7	946	0.8	3.5	980
YZ132M1-6	2.5	6.5	920	2.2	5.9	935	3.0	7.5	804	2.5	6.5	920	2.2	5.9	935	2.9	3.1	5.16	74	0.745	1.8	5.3	950	1.5	4.9	960
YZ132M2-6	4.0	9.2	915	3.7	8.8	912	5.0	11.6	890	4.0	9.2	915	3.7	8.8	912	2.8	3.0	5.54	79	0.79	3.0	7.5	940	2.8	7.2	945
YZ100M1-6	6.3	14.1	922	5.5	12.5	933	7.5	16.8	903	6.3	14.1	922	5.5	12.5	933	2.7	2.5	4.9	80.6	0.83	5.0	11.5	940	4.0	10	953
YZ100M2-6	8.5	18	943	7.5	15.9	948	11	25.4	926	8.5	18	943	7.5	15.9	948	2.9	2.4	5.52	83	0.86	6.3	14.2	956	5.5	13	961
YZ160L-6	15	32	920	11	24.6	953	15	32	920	13	28.7	936	11	24.6	953	2.9	2.7	6.17	84	0.852	9	20.6	964	2.5	18.8	972
YZ100L-8	9	21.1	694	7.5	18	705	11	27.4	675	9	21.1	694	7.5	18	705	2.7	2.5	5.1	82.4	0.766	6.0	15.6	717	5	14.2	724
YZ180L-8	13	30	675	11	25.8	694	15	35.3	654	13	30	675	11	25.8	694	2.5	2.6	4.9	80.9	0.811	9	21.5	710	7.5	19.2	718
YZ200L-8	18.5	40	697	15	33.1	710	22	47.5	686	18.5	40	697	15	33.1	710	2.8	2.8	6.1	86.2	0.80	13	28.1	714	11	26	720
YZ225M-8	26	53.5	701	22	45.8	712	33	69	687	26	53.5	701	22	45.8	712	2.9	2.9	6.2	87.5	0.834	18.5	40	718	17	37.5	720
YZ250M1-8	35	74	681	30	63.3	694	42	89	663	35	74	681	30	63.3	694	2.7	2.54	5.47	85.7	0.84	26	56	702	22	45	717

6次/h（热等效启动次数）

表 8-89　YZ 系列电动机的安装及外形尺寸（IM1001、IM1002、IM1003 及 IM1004 型）

单位：mm

机座号	安装尺寸														外形尺寸						
	H	A	B	C	CA	K	螺栓直径	D	D₁	E	E₁	F	G	GD	AC	AB	HD	BB	L	LC	HA
112M	112	190	140	70	135	12	M10	32		80	10		27	8	245	250	325	235	420	505	15
132M	132	216	178	89	150	12	M10	38		80	10		33	8	285	275	355	260	495	577	17
160M	160	254	210	108	180	15	M12	48		110	14		42.5	9	325	320	420	290	608	718	20
160L	160	254	254	108	180	15	M12	48		110	14		42.5	9	325	320	420	335	650	762	20
180L	180	279	279	121	180	15	M12	55	M36×3	110	82	14	19.9	9	360	360	460	380	685	800	22
200L	200	318	305	133	210	19	M16	60	M42×3	140	105	16	21.4	10	405	405	510	400	780	928	25
225M	225	356	311	149	258	19	M16	65	M42×3	140	105	16	23.9	10	430	455	545	410	850	998	28
250M	250	406	349	168	295	24	M20	70	M48×3	140	105	18	25.4	11	480	515	605	510	935	1092	30

表 8-90　YZR、YZ 系列电动机安装尺寸及代号

安装形式	代号	制造范围(机座号)	备　注
	1M1001	112～160	
	1M1003	180～400	锥形轴伸
	1M1002	112～160	
	1M1004	180～400	锥形轴伸

第九节　联轴器

联轴器的常用标准及规范见表 8-91～表 8-95。

表 8-91　轴孔和键槽的形式、代号及系列尺寸（GB/T 3852—2008 摘录）　单位：mm

项目	长圆柱形轴孔（Y 型）	有沉孔的短圆柱形轴孔（J 型）	无沉孔的短圆柱形轴孔（J₁ 型）	有沉孔的圆锥形轴孔（Z 型）
轴孔				
键槽	A 型　B 型			C 型

轴孔和 C 型键槽尺寸

直径 d、d_z	轴孔长度 L (Y 型)	轴孔长度 L (J、J₁、Z 型)	L_1	沉孔 d_1	R	C 型键槽 b	C 型键槽 t_2 公称尺寸	C 型键槽 t_2 极限偏差	直径 d、d_z	轴孔长度 L (Y 型)	轴孔长度 L (J、J₁、Z 型)	L_1	沉孔 d_1	R	C 型键槽 b	C 型键槽 t_2 公称尺寸	C 型键槽 t_2 极限偏差
16						3	8.7		55	112	84	112	95		14	29.2	
18	42	30	42				10.1		56							29.7	
19				38		4	10.6		60							31.7	
20							10.9		63				105		16	32.2	
22	52	38	52		1.5		11.9		65	142	107	142		2.5		34.2	
24							13.4	±0.1	70							36.8	
25	62	44	62	48		5	13.7		71				120		18	37.3	
28							15.2		75							39.3	
30							15.8		80							41.6	±0.2
32	82	60	82	55			17.3		85	172	132	172	140		20	44.1	
35						6	18.3		90							47.1	
38							20.3		95				160		22	49.6	
40				65			21.2		100					3		51.3	
42					2	10	22.2		110				180		25	56.3	
45	112	84	112				23.7	±0.2	120	212	167	212				62.3	
48				80		12	25.2		125				210		28	64.8	
50				95			26.2		130	252	202	252	235	4		66.4	

轴孔与轴伸的配合、键槽宽度 b 的极限偏差

d、d_1/mm	圆柱形轴孔与轴伸的配合	圆锥形轴孔的直径偏差	键槽宽度 b 的极限偏差
6～30	H7/j6		
30～50	H7/k6	根据使用要求也可选用 H7/r6 或 H7/n6	Js10（圆锥角度及圆锥形状公差应小于直径公差）	P9（或 Js9、D10）
50	H7/m6		

注：无沉孔的圆锥形轴孔（Z₁ 型）和 B₁ 型、D 型键槽尺寸，详见 GB/T 3852—2008。

表 8-92 凸缘联轴器（GB/T 5843—2003 摘录）

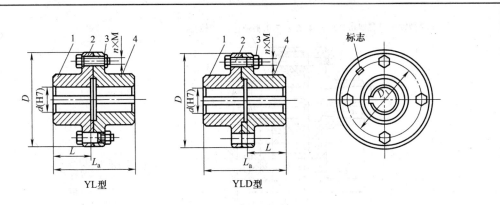

YL型　　YLD型

标记示例：YL3 联轴器 $\dfrac{J30\times60}{J_1 B28\times44}$ GB/T 5843　　1,4—半联轴器

主动端：J 型轴孔，A 型键槽，$d=30$ mm，$L=60$ mm　2—螺栓

从动端：J_1 型轴孔，B 型键槽，$d=28$ mm，$L=44$ mm　3—尼龙锁紧螺母

型号	公称转矩 /N·m	许用转速 /(r/min) 铁	许用转速 /(r/min) 钢	轴孔直径* d(H7)/mm	轴孔长度 L/mm Y型	轴孔长度 L/mm J、J₁型	D /mm	D₁ /mm	螺栓 数量**	螺栓 直径 /mm	Lₐ/mm Y型	Lₐ/mm J、J₁型	质量 /kg	转动惯量 /kg·m²
YL1 YLD1	10	8100	13000	10,11	25	22	71	53	3 (3)	M6	54	48	0.94	0.0018
				12,14	32	27					68	58		
				16,18,19	42	30					88	64		
				20,(22)	52	38					108	80		
YL2 YLD2	16	7200	12000	12,14	32	27	80	64	4 (4)		68	58	1.50	0.0035
				16,18,19	42	30					88	64		
				20,(22)	52	38					108	80		
YL3 YLD3	25	6400	10000	14	32	27	90	69			68	58	1.99	0.0060
				16,18,19	42	30					88	64		
				20,22,(24)	52	38					108	80		
				(25)	62	44			3 (3)	M8	128	92		
YL4 YLD4	40	5700	9500	18,19	42	30	100	80			88	64	2.47	0.0092
				20,22,24	52	38					108	80		
				25,(28)	62	44					128	92		
YL5 YLD5	63	5500	9000	22,24	52	38	105	85	4 (4)		108	80	3.19	0.013
				25,28	62	44					128	92		
				30,(32)	82	60					168	124		

注：1. *括号内的轴孔直径仪适用于钢制联轴器。

　　2. **括号内的螺栓数量为铰制孔用螺栓数量。

表 8-93　LT 型弹性套柱销联轴器（GB/T 4323—2002 摘录）

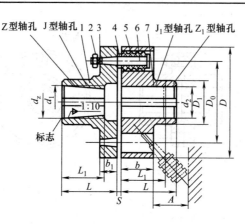

Z 型轴孔　J 型轴孔 1 2 3　4 5 6 7　J₁ 型轴孔 Z₁ 型轴孔

1,7—半联轴器
2—螺母
3—弹簧垫圈
4—挡圈
5—弹性套
6—柱销

标记示例：LT3 联轴器 $\dfrac{ZC16\times30}{JB18\times42}$ GB/T 4323

主动端：Z 型轴孔，C 型键槽，$d_z=16\text{mm}$，$L=30\text{mm}$

从动端：J 型轴孔，B 型键槽，$d_2=18\text{mm}$，$L=42\text{mm}$

型号	公称转矩 T_n /N·mm	许用转矩 $[n]$ /(r/min)	轴孔直径 d_1、d_2、d_z mm	轴孔长度/mm Y 型 L	轴孔长度/mm J、J₁、Z 型 L_1	轴孔长度/mm J、J₁、Z 型 L	$L_{推荐}$	D/mm	A/mm	质量 m /kg	转动惯量 /kg·m²
LT1	6.3	8800	9	20	14	—	25	71	18	0.82	0.0005
			10,11	25	17						
			12,14	32	20						
LT2	16	7600	12,14				35	80		1.20	0.0008
			16,18,19	42	30	42					
LT3	31.5	6300	16,18,19				38	95	35	2.20	0.0023
			20,22	52	38	52					
LT4	63	5700	20,22,24				40	106		2.84	0.0037
			25,28	62	44	62					
LT5	125	4600	25,28				50	130		6.05	0.0120
			30,32,35	82	60	82					
LT6	250	3800	32,35,38				55	160	45	9.57	0.0280
			40,42	112	84	112					
LT7	500	3600	40,42,45,48				65	190		14.01	0.0550
LT8	710	3000	45,48,50,55,56				70	224		23.12	0.1340
			60,63	142	107	142			65		
LT9	1000	2850	50,55,56	112	84	112	80	250		30.69	0.2130
			60,63,65,70,71	142	107	142					
LT10	2000	2300	63,65,70,71,75				100	315	80	61.40	0.6600
			80,85,90,95	172	132	172					
LT11	4000	1800	80,85,90,95				115	400	100	120.70	2.1220
			100,110	212	167	212					
LT12	8000	1450	100,110,120,125				135	475	130	210.34	5.3900
			130	252	202	252					
LT13	16000	1150	120,125	212	167	212	160	600	180	419.36	17.5800
			130,140,150	252	202	252					
			160,170	302	242	302					

注：质量、转动惯量按材料为铸钢、无孔、$L_{推荐}$ 计算近似值。

表 8-94 弹性柱销联轴器（GB/T 5014—2013 摘录）

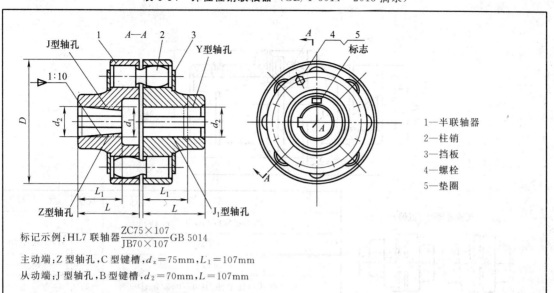

1—半联轴器
2—柱销
3—挡板
4—螺栓
5—垫圈

标记示例：HL7 联轴器 $\dfrac{ZC75×107}{JB70×107}$ GB 5014

主动端：Z 型轴孔，C 型键槽，$d_z=75\text{mm}$，$L_1=107\text{mm}$

从动端：J 型轴孔，B 型键槽，$d_2=70\text{mm}$，$L=107\text{mm}$

型号	公称转矩 /N·m	许用转速 /(r/min) 铁	许用转速 /(r/min) 钢	轴孔直径* d_1、d_2、d_z /mm	轴孔长度/mm Y型 L	轴孔长度/mm J、J₁、Z型 L_1	轴孔长度/mm J、J₁、Z型 L	D /mm	质量 /kg	转动惯量 /kg·m²	许用补偿量 径向 ΔY mm	许用补偿量 轴向 ΔX mm	角向 Δα
HL1	160	7100	7100	12,14	32	27	32	90	2	0.0064		±0.5	
				16,18,19	42	30	42						
				20,22,(24)	52	38	52						
HL2	315	5600	5600	20,22,24				120	5	0.253	0.15	±1	
				25,28	62	44	62						
				30,32,(35)	82	60	82						
HL3	630	5000	5000	30,32,35,38				160	8	0.6			
				40,42,(45),(48)	112	84	112						
HL4	1250	2800	4000	40,42,45,48,50,55,56				195	22	3.4		±1.5	
				(60),(63)									≤0°30′
HL5	2000	2500	3550	50,55,56,60,63,65,70,(71),(75)	142	107	142	220	30	5.4			
HL6	3150	2100	2800	60,63,65,70,71,75,80				280	53	15.6			
				(85)	172	132	172						
HL7	6300	1700	2240	70,71,75	142	107	142	320	98	41.1	0.20	±2	
				80,85,90,95	172	132	172						
				100,(110)									
HL8	10000	1600	2120	80,85,90,95,100,110,(120),(125)	212	167	212	360	119	56.5			
HL9	16000	1250	1800	100,110,120,125				410	197	133.3			
				130,(140)	252	202	252						
HL10	25000	1120	1560	110,120,125	212	167	212	480	322	273.2	0.25	±2.5	
				130,140,150	252	202	252						
				160,(170),(180)	302	242	302						

注：1. 该联轴器最大型号为 HL14，详见 GB/T 5014—2003。

2. 带制动轮的弹性柱销联轴器 HLL 型可参阅 GB/T 5014—2013。

3. "＊"栏内带括号的值仅适用于钢制联轴器。

4. 轴孔形式及长度 L、L_1 可根据需要选取。

表 8-95 十字滑块联轴器　　　　　　　　　　　　单位：mm

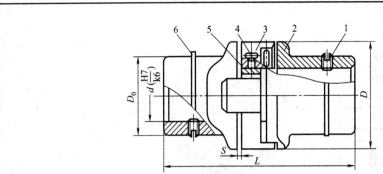

序号	名　称	数量	材　料
1	平端紧定螺钉 GB/T 73—1985	2	
2	半联轴器	2	ZG 310—570
3	圆盘	1	45
4	压配式压注油杯 JB/T 7940.4—1995	2	
5	套筒	1	Q255
6	锁圆	2	弹簧钢丝

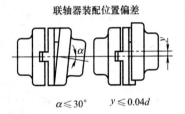

联轴器装配位置偏差

$\alpha \leqslant 30°$　　　$y \leqslant 0.04d$

d	许用转矩 /N·m	许用转速 /(r/min)	D_0	D	L	S
15,17,18	120	250	32	70	95	$0.5^{+0.3}_{0}$
20,25,30	250	250	45	90	115	$0.5^{+0.3}_{0}$
36,40	500	250	60	110	160	$0.5^{+0.3}_{0}$
45,50	800	250	80	130	200	$0.5^{+0.3}_{0}$
55,60	1250	250	95	150	240	$0.5^{+0.3}_{0}$
65,70	2000	250	105	170	275	$0.5^{+0.3}_{0}$
75,80	3200	250	115	190	310	$0.5^{+0.3}_{0}$
85,90	5000	250	130	210	355	$1.0^{+0.5}_{0}$
95,100	8000	250	140	240	395	$1.0^{+0.5}_{0}$
110,120	10000	100	170	280	435	$1.0^{+0.5}_{0}$
130,140	16000	100	190	320	485	$1.0^{+0.5}_{0}$
150	20000	100	210	340	550	$1.0^{+0.5}_{0}$

第十节 滚动轴承

一、轴承代号新旧标准对照

轴承代号新旧标准对照见表 8-96。

表 8-96　一般轴承的基本代号对照

轴承名称	新标准(1994 年,1995 年等发布)			旧标准(1988 年发布)				
	类型代号	尺寸系列代号	轴承代号	宽度系列代号	结构代号	类型代号	直径系列代号	轴承代号
深沟球轴承	6	(1)0	6000	0	00	0	1	100
		(0)2	6200	0	00		2	200
		(0)3	6300	0	00		3	300
		(0)4	6400	0	00		4	400
角接触球轴承	7	(1)0	7000	0	03	6	1	3 {6100
		(0)2	7200	0	04		2	4 {6200
		(0)3	7300	0	05		3	6 {6300
		(0)4	7400	0			4	{6400
圆锥滚子轴承	3	02	30200	0	00	7	2	7200
		03	30300	0	00		3	7300
		22	32200	0	00		5	7500
		23	32300	0	00		6	7600
调心球轴承	1 (1)	(0)2	1200	0	00	1	2	1200
		22	2200	0	00		5	1500
	1 (1)	(0)3	1300	0	00		5	1500
		23	2300	0	00		6	1600
推力球轴承	5	11	51100	0	00	8	1	8100
		12	51200	0	00		2	8200
		13	51300	0	00		3	8300
		14	51400	0	00		4	8400
双向推力球轴承	5	22	52200	0	03	8	2	38200
		23	52300	0	03		3	38300
		24	52400	0	03		4	83400
内圈无挡边圆柱滚子轴承	NU	10	NU1000	0	03	2	1	32100
		(0)2	NU200	0	03		2	32200
		22	NU2200	0	03		5	32500
		(0)3	NU300	0	03		3	32300
		23	NU2300	0	03		6	32600
		(0)4	NU400	0	03		4	32400
外圈无挡边圆柱滚子轴承	N	10	N1000	0	00	2	1	2100
		(0)2	N200	0	00		2	2200
		22	N2200	0	00		5	2500
		(0)3	N300	0	00		3	2300
		23	N2300	0	00		6	2600
		(0)4	N400	0	00		4	2400

注：表中括号"（ ）"中的数字在代号中省略。

二、常用滚动轴承

常用滚动轴承标准见表 8-97～表 8-100。

表 8-97　深沟球轴承（GB/T 276—2013 摘录）

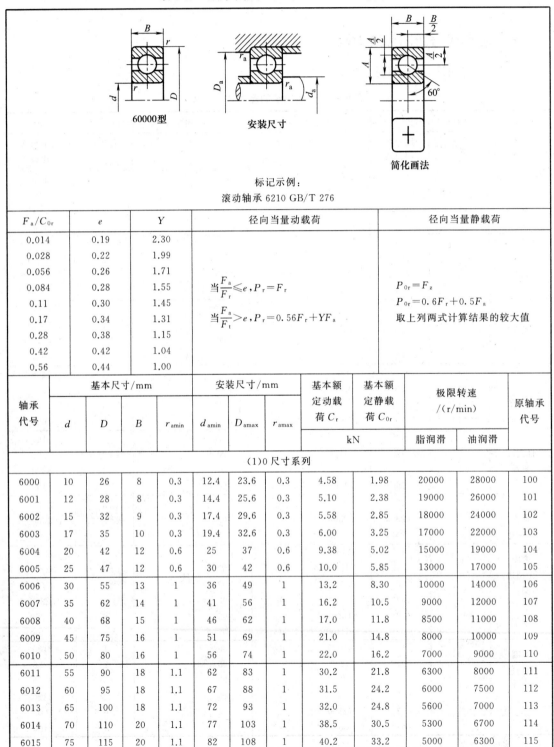

60000型　　　安装尺寸　　　简化画法

标记示例：

滚动轴承 6210 GB/T 276

F_a/C_{0r}	e	Y	径向当量动载荷	径向当量静载荷
0.014	0.19	2.30		
0.028	0.22	1.99		$P_{0r}=F_z$
0.056	0.26	1.71		
0.084	0.28	1.55	当 $\dfrac{F_a}{F_r}\leqslant e$，$P_r=F_r$	$P_{0r}=0.6F_r+0.5F_a$
0.11	0.30	1.45		
0.17	0.34	1.31	当 $\dfrac{F_a}{F_t}>e$，$P_r=0.56F_r+YF_a$	取上列两式计算结果的较大值
0.28	0.38	1.15		
0.42	0.42	1.04		
0.56	0.44	1.00		

轴承代号	基本尺寸/mm				安装尺寸/mm				基本额定动载荷 C_r	基本额定静载荷 C_{0r}	极限转速/(r/min)		原轴承代号
	d	D	B	r_{amin}	d_{amin}	D_{amax}	r_{amax}		kN		脂润滑	油润滑	
(1)0 尺寸系列													
6000	10	26	8	0.3	12.4	23.6	0.3	4.58	1.98	20000	28000	100
6001	12	28	8	0.3	14.4	25.6	0.3	5.10	2.38	19000	26000	101
6002	15	32	9	0.3	17.4	29.6	0.3	5.58	2.85	18000	24000	102
6003	17	35	10	0.3	19.4	32.6	0.3	6.00	3.25	17000	22000	103
6004	20	42	12	0.6	25	37	0.6	9.38	5.02	15000	19000	104
6005	25	47	12	0.6	30	42	0.6	10.0	5.85	13000	17000	105
6006	30	55	13	1	36	49	1	13.2	8.30	10000	14000	106
6007	35	62	14	1	41	56	1	16.2	10.5	9000	12000	107
6008	40	68	15	1	46	62	1	17.0	11.8	8500	11000	108
6009	45	75	16	1	51	69	1	21.0	14.8	8000	10000	109
6010	50	80	16	1	56	74	1	22.0	16.2	7000	9000	110
6011	55	90	18	1.1	62	83	1	30.2	21.8	6300	8000	111
6012	60	95	18	1.1	67	88	1	31.5	24.2	6000	7500	112
6013	65	100	18	1.1	72	93	1	32.0	24.8	5600	7000	113
6014	70	110	20	1.1	77	103	1	38.5	30.5	5300	6700	114
6015	75	115	20	1.1	82	108	1	40.2	33.2	5000	6300	115

续表

轴承代号	基本尺寸/mm				安装尺寸/mm			基本额定动载荷 C_r	基本额定静载荷 C_{0r}	极限转速/(r/min)		原轴承代号
	d	D	B	r_{amin}	d_{amin}	D_{amax}	r_{amax}	kN		脂润滑	油润滑	
(1)0 尺寸系列												
6016	80	125	22	1.1	87	118	1	47.5	39.8	4800	6000	116
6017	85	130	22	1.1	92	123	1	50.8	42.8	4500	5600	117
6018	90	140	24	1.5	99	131	1.5	58.0	49.8	4300	5300	118
6019	95	145	24	1.5	104	136	1.5	57.8	50.0	4000	5000	119
6020	100	150	24	1.5	109	141	1.5	64.5	56.2	3800	4800	120
(0)2 尺寸系列												
6200	10	30	9	0.6	15	25	0.6	5.10	2.38	19000	26000	200
6201	12	32	10	0.6	17	27	0.6	6.82	3.05	18000	24000	201
6202	15	35	11	0.6	20	30	0.6	7.65	3.72	17000	22000	202
6203	17	40	12	0.6	22	35	0.6	9.58	4.78	16000	20000	203
6204	20	47	14	1	26	41	1	12.8	6.65	14000	18000	204
6205	25	52	15	1	31	46	1	14.0	7.88	12000	16000	205
6206	30	62	16	1	36	56	1	19.5	11.5	9500	13000	206
6207	35	72	17	1.1	42	65	1	25.5	15.2	8500	11000	207
6208	40	80	18	1.1	47	73	1	29.5	18.0	8000	10000	208
6209	45	85	19	1.1	52	78	1	31.5	20.5	7000	9000	209
6210	50	90	20	1.1	57	83	1	35.0	23.2	6700	8500	210
6211	55	100	21	1.5	64	91	1.5	43.2	29.2	6000	7500	211
6212	60	110	22	1.5	69	101	1.5	47.8	32.8	5600	7000	212
6213	65	120	23	1.5	74	111	1.5	57.2	40.0	5000	6300	213
6214	70	125	24	1.5	79	116	1.5	60.8	45.0	4800	6000	214
6215	75	130	25	1.5	84	121	1.5	66.0	49.5	4500	5600	215
6216	80	140	26	2	90	130	2	71.5	54.2	4300	5300	216
6217	85	150	28	2	95	140	2	83.2	63.8	4000	5000	217
6218	90	160	30	2	100	150	2	95.8	71.5	3800	4800	218
6219	95	170	32	2.1	107	158	2.1	110	82.8	3600	4500	219
6220	100	180	34	2.1	112	168	2.1	122	92.8	3400	4300	220
0(3) 尺寸系列												
6300	10	35	11	0.6	15	30	0.6	7.65	3.48	18000	24000	300
6301	12	37	12	1	18	31	1	9.72	5.08	17000	22000	301
6302	15	42	13	1	21	36	1	11.5	5.42	16000	20000	302
6303	17	47	14	1	23	41	1	13.5	6.58	15000	19000	303
6304	20	52	15	1.1	27	45	1	15.8	7.88	13000	17000	304
6305	25	62	17	1.1	32	55	1	22.2	11.5	10000	14000	305
6306	30	72	19	1.1	37	65	1	27.0	15.2	9000	12000	306
6307	35	80	21	1.5	44	71	1.5	33.2	19.2	8000	10000	307
6308	40	90	23	1.5	49	81	1.5	40.8	24.0	7000	9000	308
6309	45	100	25	1.5	54	91	1.5	52.8	31.8	6300	8000	309
6310	50	110	27	2	60	100	2	61.8	38.0	6000	7500	310
6311	55	120	29	2	65	110	2	71.5	44.8	5300	6700	311
6312	60	130	31	2.1	72	118	2.1	81.8	51.8	5000	6300	312
6313	65	140	33	2.1	77	128	2.1	93.8	60.5	4500	5600	313
6314	70	150	35	2.1	82	138	2.1	105	68.0	4300	5300	314
6315	75	160	37	2.1	87	148	2.1	112	76.8	4000	5000	315

续表

轴承代号	基本尺寸/mm				安装尺寸/mm			基本额定动载荷 C_r	基本额定静载荷 C_{0r}	极限转速/(r/min)		原轴承代号
	d	D	B	r_{amin}	d_{amin}	D_{amax}	r_{amax}	kN		脂润滑	油润滑	
(0)3 尺寸系列												
6316	80	170	39	2.1	92	158	2.1	122	86.5	3800	4800	316
6317	85	180	41	3	99	166	2.5	132	96.5	3600	4500	317
6318	90	190	43	3	104	176	2.5	145	108	3400	4300	318
6319	95	200	45	3	109	186	2.5	155	122	3200	4000	319
6320	100	215	47	3	114	201	2.5	172	140	2800	3600	320
(0)4 尺寸系列												
6403	17	62	17	1.1	24	55	1	22.5	10.8	11000	15000	403
6404	20	72	19	1.1	27	65	1	31.0	15.2	9500	13000	404
6405	25	80	21	1.5	34	71	1.5	38.2	19.2	8500	11000	405
6406	30	90	23	1.5	39	81	1.5	47.5	24.5	8000	10000	406
6407	35	100	25	1.5	44	91	1.5	56.8	29.5	6700	8500	407
6408	40	110	27	2	50	100	2	65.5	37.5	6300	8000	408
6409	45	120	29	2	55	110	2	77.5	45.5	5600	7000	409
6410	50	130	31	2.1	62	118	2.1	92.2	55.2	5300	6700	410
6411	55	140	33	2.1	67	128	2.1	100	62.5	4800	6000	411
6412	60	150	35	2.1	72	138	2.1	108	70.0	4500	5600	412
6413	65	160	237	2.1	77	148	2.1	118	78.5	4300	5300	413
6414	70	180	42	3	84	166	2.5	140	99.5	3800	4800	414
6415	75	190	45	3	89	176	2.5	155	115	3600	4500	415
6416	80	200	48	3	94	186	2.5	162	125	3400	4300	416
6417	85	210	52	4	103	192	3	175	138	3200	4000	417
6418	90	225	54	4	108	207	3	192	158	2800	3600	418
6420	100	250	58	4	118	232	3	222	195	2400	3200	420

注：1. 表中 C_r 值适用于真空脱气轴承钢材料的轴承。如轴承材料为普通电炉钢，C_r 值降低；如为真空重熔或电渣重熔轴承钢，C_r 值提高。

2. r_{amin} 为 r 的单向最小倒角尺寸；r_{amax} 为 r_a 的单向最大倒角尺寸。

表 8-98　角接触球轴承（GB/T 292—2007 摘录）

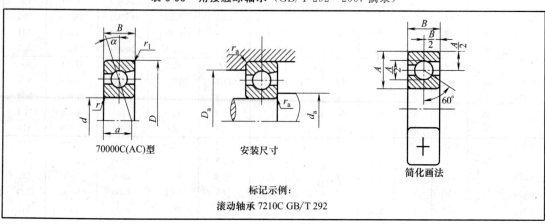

70000C(AC)型　　　　安装尺寸　　　　简化画法

标记示例：
滚动轴承 7210C GB/T 292

续表

iF_a/C_{0r}	e	Y	70000C 型	70000AC 型
0.015	0.38	1.47	径向当量动载荷	径向当量动载荷
0.029	0.40	1.40	当 $F_a/F_r \leqslant e$ $P_r = F_r$	当 $F_a/F_z \leqslant 0.68$ $P_r = F_r$
0.058	0.43	1.30	当 $F_a/F_r > e$ $P_r = 0.44F_r + YF_a$	当 $F_a/F_r > 0.68$ $P_r = 0.41F_r + 0.87F_a$
0.087	0.46	1.23		
0.12	0.47	1.19		
0.17	0.50	1.12	径向当量静载荷	径向当量静载荷
0.29	0.55	1.02	$P_{0r} = 0.5F_r + 0.46F_a$	$P_{0r} = 0.5F_r + 0.38F_a$
0.44	0.56	1.00	当 $P_{0r} < F_a$,取 $P_{0r} = F_r$	当 $P_{0r} < F_a$,取 $P_{0r} = F_r$
0.58	0.56	1.00		

轴承代号		基本尺寸/mm				安装尺寸/mm				70000C ($\alpha=15°$)			70000AC ($\alpha=25°$)			极限转速 /(r/min)		原轴承代号	
		d	D	B	r_s min	r_{1s} min	$d_{a min}$	D_a max	r_{as} max	a /mm	基本额定 动载荷 C_r kN	静载荷 C_{0r} kN	a /mm	基本额定 动载荷 C_r kN	静载荷 C_{0r} kN	脂润滑	油润滑		

(1)0 尺寸系列

7000C	7000AC	10	26	8	0.3	0.15	12.4	23.6	0.3	6.4	4.92	2.25	8.2	4.75	2.12	19000	28000	36100	46100
7001C	7001AC	12	28	8	0.3	0.15	14.4	25.6	0.3	6.7	5.42	2.65	8.7	5.20	2.55	18000	26000	36101	46101
7002C	7002AC	15	32	9	0.3	0.15	17.4	29.6	0.3	7.6	6.25	3.42	10	5.95	3.25	17000	24000	36102	46102
7003C	7003AC	17	35	10	0.3	0.15	19.4	32.6	0.3	8.5	6.60	3.85	11.1	6.30	3.68	16000	22000	36103	46103
7004C	7004AC	20	42	12	0.6	0.15	25	37	0.6	10.2	10.5	6.08	13.2	10.0	5.78	14000	19000	36104	46104
7005C	7005AC	25	47	12	0.6	0.15	30	42	0.6	10.8	11.5	7.45	14.4	11.2	7.08	12000	17000	36105	46105
7006C	7006AC	30	55	13	1	0.3	36	49	1	12.2	15.2	10.2	16.4	14.5	9.85	9500	14000	36106	46106
7007C	7007AC	35	62	14	1	0.3	41	56	1	13.5	19.5	14.2	18.3	18.5	13.5	8500	12000	36107	46107
7008C	7008AC	40	68	15	1	0.3	46	62	1	14.7	20.0	15.2	20.1	19.0	14.5	8000	11000	36108	46108
7009C	7009AC	45	75	16	1	0.3	51	69	1	16	25.8	20.5	21.9	25.8	19.5	7500	10000	36109	46109
7010C	7010AC	50	80	16	1	0.3	56	74	1	16.7	26.5	22.0	23.2	25.2	21.0	6700	9000	36110	46110
7011C	7011AC	55	90	18	1.1	0.6	62	83	1	18.7	37.2	30.5	25.9	35.2	29.2	6000	8000	36111	46111
7012C	7012AC	60	95	18	1.1	0.6	67	88	1	19.4	38.2	32.8	27.1	36.2	31.5	5600	7500	36112	46112
7013C	7013AC	65	100	18	1.1	0.6	72	93	1	20.1	40.0	35.5	28.2	38.0	33.8	5300	7000	36113	46113
7014C	7014AC	70	110	20	1.1	0.6	77	103	1	22.1	48.2	43.5	30.9	45.8	41.5	5000	6700	36114	46114
7015C	7015AC	75	115	20	1.1	0.6	82	108	1	22.7	49.5	46.5	32.2	46.8	44.2	4800	6300	36115	46115
7016C	7016AC	80	125	22	1.5	0.6	89	116	1.5	24.7	58.5	55.8	34.9	55.5	53.2	4500	6000	36116	46116
7017C	7017AC	85	130	22	1.5	0.6	94	121	1.5	25.4	62.5	60.2	36.1	59.2	57.2	4300	5600	36117	46117
7018C	7018AC	90	140	24	1.5	0.6	99	131	1.5	27.4	71.5	69.8	38.8	67.5	66.5	4000	5300	36118	46118
7019C	7019AC	95	145	24	1.5	0.6	104	136	1.5	28.1	73.5	73.2	40	69.5	69.8	3800	5000	36119	46119
7020C	7020AC	100	150	24	1.5	0.6	109	141	1.5	28.7	79.2	78.5	41.2	75	74.8	3800	5000	36120	46120

(0)2 尺寸系列

7200C	7200AC	10	30	9	0.6	0.15	15	25	0.6	7.2	5.82	2.95	9.2	5.58	2.82	18000	26000	36200	46200
7201C	7201AC	12	32	10	0.6	0.15	17	27	0.6	8	7.35	3.52	10.2	7.10	3.35	17000	24000	36201	46201
7202C	7202AC	15	35	11	0.6	0.15	20	30	0.6	8.9	8.68	4.62	11.4	8.35	4.40	16000	22000	36202	46202
7203C	7203AC	17	40	12	0.6	0.3	22	35	0.6	9.9	10.8	5.95	12.8	10.5	5.65	15000	20000	36203	46203
7204C	7204AC	20	47	14	1	0.3	26	41	1	11.5	14.5	8.22	14.9	14.0	7.82	13000	18000	36204	46204
7205C	7205AC	25	52	15	1	0.3	31	46	1	12.7	16.5	10.5	16.4	15.8	9.88	11000	16000	36205	46205
7206C	7206AC	30	62	16	1	0.3	36	56	1	14.2	23.0	15.0	18.7	22.0	14.2	9000	13000	36206	46206
7207C	7207AC	35	72	17	1.1	0.6	42	65	1	15.7	30.5	20.0	21	29.0	19.2	8000	11000	36207	46207
7208C	7208AC	40	80	18	1.1	0.6	47	73	1	17	36.8	25.8	23	35.2	24.5	7500	10000	36208	46208
7209C	7209AC	45	85	19	1.1	0.6	52	78	1	18.2	38.5	28.5	24.7	36.8	27.2	6700	9000	36209	46209

续表

轴承代号		基本尺寸/mm			r_s	r_{1s}	安装尺寸/mm			70000C ($\alpha=15°$)			70000AC ($\alpha=25°$)			极限转速 /(r/min)		原轴承代号	
		d	D	B	min		$d_{a\min}$	D_a	r_{as}	a /mm	基本额定 动载 荷 C_r	静载 荷 C_{0r}	a /mm	基本额定 动载 荷 C_r	静载 荷 C_{0r}	脂润 滑	油润 滑		
								max			kN			kN					
(0)2 尺寸系列																			
7210C	7210AC	50	90	20	1.1	0.6	57	83	1	19.4	42.8	32.0	26.3	40.8	30.5	6300	8500	36210	46210
7211C	7211AC	55	100	21	1.5	0.6	64	91	1.5	20.9	52.8	40.5	28.6	50.5	38.5	5600	7500	36211	46211
7212C	7212AC	60	110	22	1.5	0.6	69	101	1.5	22.4	61.0	48.5	30.8	58.2	46.2	5300	7000	36212	46212
7213C	7213AC	65	120	23	1.5	0.6	74	111	1.5	24.2	69.8	55.2	33.5	66.5	52.5	4800	6300	36213	46213
7214C	7214AC	70	125	24	1.5	0.6	79	116	1.5	25.3	70.2	60.0	35.1	69.2	57.5	4500	6000	36214	46214
7215C	7215AC	75	130	25	1.5	0.6	84	121	1.5	26.4	79.2	65.8	36.6	75.2	63.0	4300	5600	36215	46215
7216C	7216AC	80	140	26	2	1	90	130	2	27.7	89.5	78.2	38.9	85.0	74.5	4000	5300	36216	46216
7217C	7217AC	85	150	28	2	1	95	140	2	29.9	99.8	85.0	41.6	94.8	81.5	3800	5000	36217	46217
7218C	7218AC	90	160	30	2	1	100	150	2	31.7	122	105	44.2	118	100	3600	4800	36218	46218
7219C	7219AC	95	170	32	2.1	1.1	107	158	2.1	33.8	135	115	46.9	128	108	3400	4500	36219	46219
7220C	7220AC	100	180	34	2.1	1.1	112	168	2.1	35.8	148	128	49.7	142	122	3200	4300	36220	46220
(0)3 尺寸系列																			
7301C	7301AC	12	37	12	1	0.3	18	31	1	8.6	8.10	5.22	12	8.08	4.88	16000	22000	36301	46301
7302C	7302AC	15	42	13	1	0.3	21	36	1	9.6	9.38	5.95	13.5	9.08	5.58	15000	20000	36302	46302
7303C	7303AC	17	47	14	1	0.3	23	41	1	10.4	12.8	8.62	14.8	11.5	7.08	14000	19000	36303	46303
7304C	7304AC	20	52	15	1.1	0.6	27	45	1	11.3	14.2	9.68	16.8	13.8	9.10	12000	17000	36304	46304
7305C	7305AC	25	62	17	1.1	0.6	32	55	1	13.1	21.5	15.8	19.1	20.8	14.8	9500	14000	36305	46305
7306C	7306AC	30	72	19	1.1	0.6	37	65	1	15	26.5	19.8	22.2	25.2	18.5	8500	12000	36306	46306
7307C	7307AC	35	80	21	1.5	0.6	44	71	1.5	16.6	34.2	26.8	24.5	32.8	24.8	7500	10000	36307	46307
7308C	7308AC	40	90	23	1.5	0.6	49	81	1.5	18.5	40.2	32.3	27.5	38.5	30.5	6700	9000	36308	46308
7309C	7309AC	45	100	25	1.5	0.6	54	91	1.5	20.2	49.2	39.8	30.2	47.5	37.2	8000	8000	36309	46309
7310C	7310AC	50	110	27	2	1	60	100	2	22	53.5	47.2	33	55.5	44.5	5600	7500	36310	46310
7311C	7311AC	55	120	29	2	1	65	110	2	23.8	70.5	60.5	35.8	67.2	56.8	5000	6700	36311	46311
7312C	7312AC	60	130	31	2.1	1.1	72	118	2.1	25.6	80.5	70.2	38.7	77.8	65.8	4800	6300	36312	46312
7313C	7313AC	65	140	33	2.1	1.1	77	128	2.1	27.4	91.5	80.5	41.5	89.8	75.5	4300	5600	36313	46313
7314C	7314AC	70	150	35	2.1	1.1	82	138	2.1	29.2	102	91.5	44.3	98.5	86.0	4000	5300	36314	46314
7315C	7315AC	75	160	37	2.1	1.1	87	148	2.1	31	112	105	47.2	108	97.0	3800	5000	36315	46315
7316C	7316AC	80	170	39	2.1	1.1	92	158	2.1	32.8	122	118	50	118	108	3600	4800	36316	46316
7317C	7317AC	85	180	41	3	1.1	99	166	2.5	34.6	132	128	52.8	125	122	3400	4500	36317	46317
7318C	7318AC	90	190	43	3	1.1	104	176	2.5	36.4	142	142	55.6	135	135	3200	4300	36318	46318
7319C	7319AC	95	200	45	3	1.1	109	186	2.5	38.2	152	158	58.5	145	148	3000	4000	36319	46319
7320C	7320AC	100	215	47	3	1.1	114	201	2.5	40.2	162	175	61.9	165	178	2600	3600	36320	46320
(0)4 尺寸系列																			
	7406AC	30	90	23	1.5	0.6	39	81	1				26.1	42.5	32.2	7500	10000		46406
	7407AC	35	100	25	1.5	0.6	44	91	1.5				29	53.8	42.5	6300	8500		46407
	7408AC	40	110	27	2	1	50	100	2				31.8	62.0	49.5	6000	8000		46408
	7409AC	45	120	29	2	1	55	110	2				34.6	66.8	52.8	5300	7000		46409
	7410AC	50	130	31	2.1	1.1	62	118	2.1				37.4	76.5	64.2	5000	6700		46410
	7412AC	60	150	35	2.1	1.1	72	138	2.1				43.1	102	90.8	4300	5600		46412
	7414AC	70	180	42	3	1.1	84	166	2.5				51.5	125	125	3600	4800		46414
	7416AC	80	200	48	3	1.1	94	186	2.5				58.1	152	162	3200	4300		46416

注：表中 C_r 值，对 (1) 0、(0) 2 系列为真空脱气轴承钢的承荷能力，对 (0) 3、(0) 4 系列为电炉轴承钢的承荷能力。

表8-99 圆锥滚子轴承（GB/T 3852—2008 摘录）

30000型　　安装尺寸　　简化画法

径向当量动载荷	当 $\dfrac{F_a}{F_r} \le e$　$P_r = F_r$　　当 $\dfrac{F_a}{F_r} > e$　$P_r = 0.4F_r + YF_a$
径向当量静载荷	$P_{0r} = F_r$　　$P_{0r} = 0.5F_r + Y_0 F_a$　取上列两式计算结果的较大值

标记示例：滚动轴承 30310 GB/T 297

02 尺寸系列

轴承代号	尺寸/mm								安装尺寸/mm									计算系数			基本额定		极限转速 /(r/min)		原轴承代号
	d	D	T	B	C	r_{smin}	r_{1smin}	$a\approx$	d_{amin}	d_{bmax}	D_{amin}	D_{amax}	D_{bmin}	a_{1min}	a_{2min}	r_{samax}	r_{bsmax}	e	Y	Y_0	动载荷 C_r kN	静载荷 C_{0r}	脂润滑	油润滑	
30203	17	40	13.25	12	11	1	1	9.9	23	23	34	34	37	2	2.5	1	1	0.35	1.7	1	20.8	21.8	9000	12000	7203E
30204	20	47	15.25	14	12	1	1	11.2	26	27	40	41	43	2	3.5	1	1	0.35	1.7	1	28.2	30.5	8000	10000	7204E
30205	25	52	16.25	15	13	1	1	12.5	31	31	44	46	48	2	3.5	1	1	0.37	1.6	0.9	32.2	37.0	7000	9000	7205E
30206	30	62	17.25	16	14	1	1	13.8	36	37	53	56	58	2	3.5	1	1	0.37	1.6	0.9	43.2	50.5	6000	7500	7206E
30207	35	72	18.25	17	15	1.5	1.5	15.3	42	44	62	65	67	3	3.5	1.5	1.5	0.37	1.6	0.9	54.2	63.5	5300	6700	7207E
30208	40	80	19.75	18	16	1.5	1.5	16.9	47	49	69	73	75	3	4	1.5	1.5	0.37	1.6	0.9	63.0	74.0	5000	6300	7208E
30209	45	85	20.75	19	16	1.5	1.5	18.6	52	53	74	78	80	3	5	1.5	1.5	0.4	1.5	0.8	67.8	83.5	4500	5600	7209E
30210	50	90	21.75	20	17	1.5	1.5	20	57	58	79	83	86	3	5	1.5	1.5	0.42	1.4	0.8	73.2	92.0	4300	5300	7210E
30211	55	100	22.75	21	18	2	1.5	21	64	64	88	91	95	4	5	2	1.5	0.4	1.5	0.8	90.8	115	3800	4800	7211E
30212	60	110	23.75	22	19	2	1.5	22.3	69	69	96	101	103	4	5	2	1.5	0.4	1.5	0.8	102	130	3600	4500	7212E
30213	65	120	24.75	23	20	2	1.5	23.8	74	77	106	111	114	4	5	2	1.5	0.4	1.5	0.8	120	152	3200	4000	7213E
30214	70	125	26.25	24	21	2	1.5	25.8	79	81	110	116	119	4	5.5	2	1.5	0.42	1.4	0.8	132	175	3000	3800	7214E

续表

轴承代号	尺寸/mm								安装尺寸/mm									计算系数			基本额定 kN		极限转速 /(r/min)		原轴承代号
	d	D	T	B	C	r_{smin}	r_{1smin}	$a\approx$	d_{amin}	d_{bmax}	D_{amin}	D_{amax}	D_{bmin}	a_{1min}	a_{2min}	r_{samax}	r_{bsmax}	e	Y	Y_0	动载荷 C_r	静载荷 C_{0r}	脂润滑	油润滑	
02 尺寸系列																									
30215	75	130	27.25	25	22	2	1.5	27.4	84	85	115	121	125	4	5.5	2	1.5	0.44	1.4	0.8	138	185	2800	3600	7215E
30216	80	140	28.25	26	22	2.5	2	28.1	90	90	124	130	133	4	6	2.1	2	0.42	1.4	0.8	160	212	2600	3400	7216E
30217	85	150	30.5	28	24	2.5	2	30.3	95	96	132	140	142	5	6.5	2.1	2	0.42	1.4	0.8	178	238	2400	3200	7217E
30218	90	160	32.5	30	26	2.5	2	32.3	100	102	140	150	151	5	6.5	2.1	2	0.42	1.4	0.8	200	270	2200	3000	7218E
30219	95	170	34.5	32	27	3	2.5	34.2	107	108	149	158	160	5	7.5	2.5	2.1	0.42	1.4	0.8	228	308	2000	2800	7219E
30220	100	180	37	34	29	3	2.5	36.4	112	114	157	168	169	5	8	2.5	2.1	0.42	1.4	0.8	255	350	1900	2600	7220E
03 尺寸系列																									
30302	15	42	14.25	13	11	1	1	9.6	21	22	36	36	38	2	3.5	1	1	0.29	2.1	1.2	22.8	21.5	9000	12000	7302E
30303	17	47	15.25	14	12	1	1	10.4	23	25	40	41	43	3	3.5	1	1	0.29	2.1	1.2	28.2	27.2	8500	11000	7303E
30304	20	52	16.25	15	13	1.5	1.5	11.1	27	28	44	45	48	3	3.5	1.5	1.5	0.3	2	1.1	33.0	33.2	7500	9000	7304E
30305	25	62	18.25	17	15	1.5	1.5	13	32	34	54	55	58	3	3.5	1.5	1.5	0.3	2	1.1	46.8	48.0	6300	8000	7305E
30306	30	72	20.75	19	16	1.5	1.5	15.3	37	40	62	65	66	3	5	1.5	1.5	0.31	1.9	1.1	59.0	63.0	5600	7000	7306E
30307	35	80	22.75	21	18	2	1.5	16.8	44	45	70	71	74	3	5	2	1.5	0.31	1.9	1.1	75.2	82.5	5000	6300	7307E
30308	40	90	25.25	23	20	2	1.5	19.5	49	52	77	81	84	3	5.5	2	1.5	0.35	1.7	1	90.8	108	4500	5600	7308E
30309	45	100	27.25	25	22	2	1.5	21.3	54	59	86	91	94	3	5.5	2	1.5	0.35	1.7	1	108	130	4000	5000	7309E
30310	50	110	29.25	27	23	2.5	2	23	60	65	95	100	103	4	6.5	2	2	0.35	1.7	1	130	158	3800	4800	7310E
30311	55	120	31.5	29	25	2.5	2	24.9	65	70	104	110	112	4	6.5	2.5	2	0.35	1.7	1	152	188	3400	4300	7311E
30312	60	130	33.5	31	26	3	2.5	26.6	72	76	112	118	121	5	7.5	2.5	2.1	0.35	1.7	1	170	210	3200	4000	7312E
30313	65	140	36	33	28	3	2.5	28.7	77	83	122	128	131	5	8	2.5	2.1	0.35	1.7	1	195	242	2800	3600	7313E
30314	70	150	38	35	30	3	2.5	30.7	82	89	130	138	141	5	8	2.5	2.1	0.35	1.7	1	218	272	2600	3400	7314E
30315	75	160	40	37	31	3	2.5	32	87	95	139	148	150	5	9	2.5	2.1	0.35	1.7	1	252	318	2400	3200	7315E
30316	80	170	42.5	39	33	3	2.5	34.4	92	102	148	158	160	5	9.5	2.5	2.1	0.35	1.7	1	278	352	2200	3000	7316E

续表

轴承代号	尺寸/mm							a≈	安装尺寸/mm									计算系数			基本额定 kN		极限转速/(r/min)		原轴承代号
	d	D	T	B	C	r_{smin}	r_{1smin}		d_{amin}	d_{bmax}	D_{amin}	D_{amax}	D_{bmin}	a_{1min}	a_{2min}	r_{smax}	r_{bsmax}	e	Y	Y_0	动载荷 C_r	静载荷 C_{0r}	脂润滑	油润滑	
03尺寸系列																									
30317	85	180	44.5	41	34	4	3	35.9	99	107	156	166	168	6	10.5	3	2.5	0.35	1.7	1	305	388	2000	2800	7317E
30318	90	190	46.5	43	36	4	3	37.5	104	113	165	176	178	6	10.5	3	2.5	0.35	1.7	1	342	440	1900	2600	7318E
30319	95	200	49.5	45	38	4	3	40.1	109	118	172	186	185	6	11.5	3	2.5	0.35	1.7	1	370	478	1800	2400	7319E
30320	100	215	51.5	47	39	4	3	42.2	114	127	184	201	199	6	12.5	3	2.5	0.35	1.7	1	405	525	1600	2000	7320E
22尺寸系列																									
32206	30	62	21.25	20	17	1	1	15.6	36	36	52	56	58	3	4.5	1	1	0.37	1.6	0.9	51.8	63.8	6000	7500	7506E
32207	35	72	24.25	23	19	1.5	1.5	17.9	42	42	61	65	68	3	5.5	1.5	1.5	0.37	1.6	0.9	70.5	89.5	5300	6700	7507E
32208	40	80	24.75	23	19	1.5	1.5	18.9	47	48	68	73	75	3	6	1.5	1.5	0.37	1.6	0.9	77.8	97.2	5000	6300	7508E
32209	45	85	24.75	23	19	1.5	1.5	20.1	52	53	73	78	81	3	6	1.5	1.5	0.4	1.5	0.8	80.8	105	4500	5600	7509E
32210	50	90	24.75	23	19	1.5	1.5	21	57	57	78	83	86	3	6	1.5	1.5	0.42	1.4	0.8	82.8	108	4300	5300	7510E
32211	55	100	26.75	25	21	2	1.5	22.8	64	62	87	91	96	4	6	2	1.5	0.4	1.5	0.8	108	142	3800	4800	7511E
32212	60	110	29.75	28	24	2	1.5	25	69	68	95	101	105	4	6	2	1.5	0.4	1.5	0.8	132	180	3600	4500	7512E
32213	65	120	32.75	31	27	2	1.5	27.3	74	75	104	111	115	4	6	2	1.5	0.4	1.5	0.8	160	222	3200	4000	7513E
32214	70	125	33.25	31	27	2	1.5	28.8	79	79	108	116	120	4	6.5	2	1.5	0.42	1.4	0.8	168	238	3000	3800	7514E
32215	75	130	33.25	31	27	2	1.5	30	84	84	115	121	126	4	6.5	2	1.5	0.44	1.4	0.8	170	242	2800	3600	7515E
32216	80	140	35.25	33	28	2.5	2	31.4	90	89	122	130	135	5	7.5	2.1	2	0.42	1.4	0.8	198	278	2600	3400	7516E
32217	85	150	38.5	36	30	2.5	2	33.9	95	95	130	140	143	5	8.5	2.1	2	0.42	1.4	0.8	325	325	2400	3200	7517E
32218	90	160	42.5	40	34	2.5	2	36.8	100	101	138	150	153	5	8.5	2.1	2	0.42	1.4	0.8	270	395	2200	3000	7518E
32219	95	170	45.5	43	37	3	2.5	39.2	107	106	145	158	163	5	8.5	2.5	2.1	0.42	1.4	0.8	302	448	2000	2800	7519E
32220	100	180	49	46	39	3	2.5	41.9	112	113	154	168	172	5	10	2.5	2.1	0.42	1.4	0.8	340	512	1900	2600	7520E

续表

23 尺寸系列

轴承代号	尺寸/mm								安装尺寸/mm									计算系数			基本额定		极限转速 /(r/min)		原轴承代号
	d	D	T	B	C	r_{smin}	r_{1smin}	$a\approx$	d_{amin}	d_{bmax}	D_{amin}	D_{amax}	D_{bmin}	a_{1min}	a_{2min}	r_{samax}	r_{bsmax}	e	Y	Y_0	动载荷 C_r kN	静载荷 C_{0r}	脂润滑	油润滑	
32303	17	47	20.25	19	16	1	1	12.3	23	24	39	41	43	3	4.5	1	1	0.29	2.1	1.2	35.2	36.2	8500	11000	7603E
32304	20	52	22.25	21	18	1.5	1.5	13.6	27	26	43	45	48	3	4.5	1.5	1.5	0.3	2	1.1	42.8	46.2	7500	9500	7604E
32305	25	62	25.25	24	20	1.5	1.5	15.9	32	32	52	55	58	3	5.5	1.5	1.5	0.3	2	1.1	61.5	68.8	6300	8000	7605E
32306	30	72	28.75	27	23	1.5	1.5	18.9	37	38	59	65	66	4	6	1.5	1.5	0.31	1.9	1.1	81.5	96.5	5600	7000	7606E
32307	35	80	32.75	31	25	2	1.5	20.4	44	43	66	71	74	4	8.5	2	1.5	0.31	1.9	1.1	99.0	118	5000	6300	7607E
32308	40	90	35.25	33	27	2	1.5	23.3	49	49	73	81	83	4	8.5	2	1.5	0.35	1.7	1	115	148	4500	5600	7608E
32309	45	100	38.25	36	30	2	1.5	25.6	54	56	82	91	93	4	8.5	2	1.5	0.35	1.7	1	145	188	4000	5000	7609E
32310	50	110	42.25	40	33	2.5	2	28.2	60	61	90	100	102	5	9.5	2	2	0.35	1.7	1	178	235	3800	4800	7610E
32311	55	120	45.5	43	35	2.5	2	30.4	65	66	99	110	111	5	10	2.5	2	0.35	1.7	1	202	270	3400	4300	7611E
32312	60	130	48.5	46	37	3	2.5	32	72	72	107	118	122	6	11.5	2.5	2.1	0.35	1.7	1	228	302	3200	4000	7612E
32313	65	140	51	48	39	3	2.5	34.3	77	79	117	128	131	6	12	2.5	2.1	0.35	1.7	1	260	350	2800	3600	7613E
32314	70	150	54	51	42	3	2.5	36.5	82	84	125	138	141	6	12	2.5	2.1	0.35	1.7	1	298	408	2600	3400	7614E
32315	75	160	58	55	45	3	2.5	39.4	87	91	133	148	150	7	13	2.5	2.1	0.35	1.7	1	348	482	2400	3200	7615E
32316	80	170	61.5	58	48	3	2.5	42.1	92	97	142	158	160	7	13.5	2.5	2.1	0.35	1.7	1	388	542	2200	3000	7616E
32317	85	180	63.5	60	49	4	3	43.5	99	102	150	166	168	8	14.5	3	2.5	0.35	1.7	1	422	592	2000	2800	7617E
32318	90	190	67.5	64	53	4	3	46.2	104	107	157	176	178	8	14.5	3	2.5	0.35	1.7	1	478	682	1900	2600	7618E
32319	95	200	71.5	67	55	4	3	49	109	114	166	186	187	8	16.5	3	2.5	0.35	1.7	1	515	738	1800	2400	7619E
32320	100	215	77.5	73	60	4	3	52.9	114	122	177	201	201	8	17.5	3	2.5	0.35	1.7	1	600	872	1600	2000	7620E

注: 1. 同表 8-97 中注 1。

2. r_{smin}、r_{1smin} 分别为 r、r_1 的单向最小倒角尺寸；r_{samax}、r_{bsmax} 分别为 r_a、r_b 的单向最大倒角尺寸。

表 8-100 推力球轴承（GB/T 28697—2012 摘录）

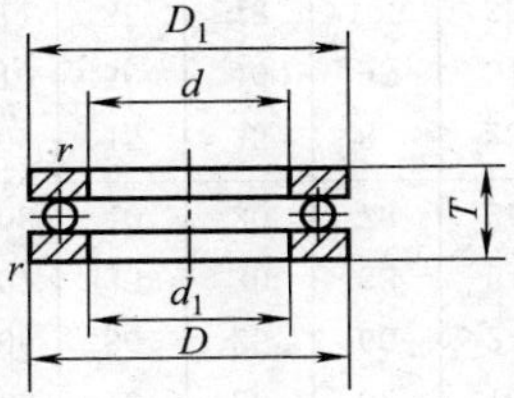

标记示例：

滚动轴承 51208 GB/T 301

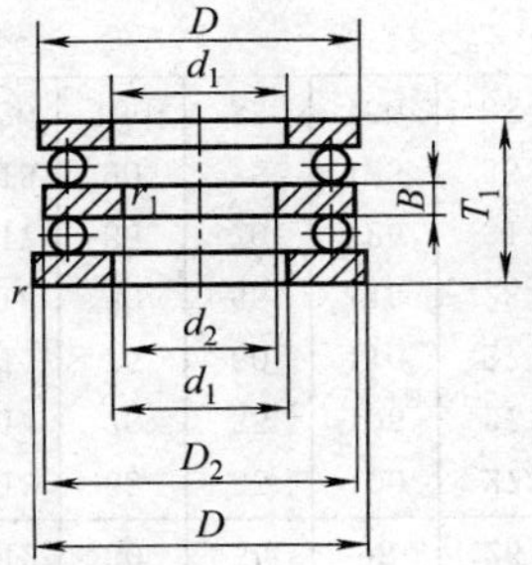

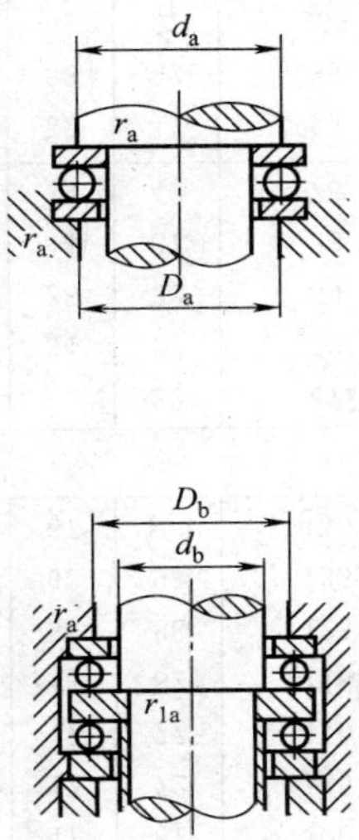

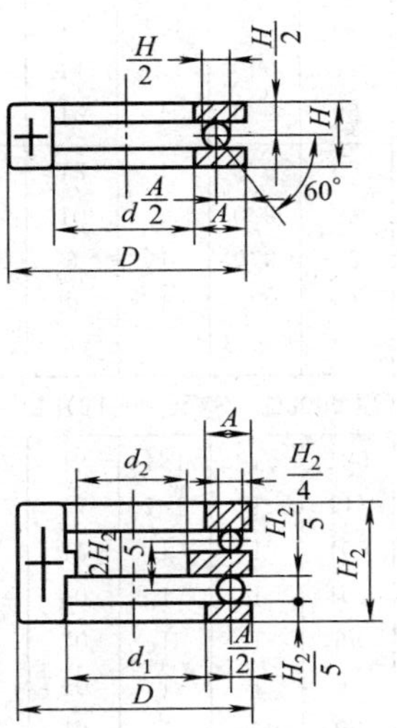

轴向当量动载荷 $P_a = F_a$

轴向当量静载荷 $P_{0a} = F_a$

51000型　52000型　简化画法

尺寸　安装尺寸

12（51000 型）、22（52000 型）尺寸系列

轴承代号 51000型	轴承代号 52000型	尺寸/mm d	d_2	D	T	T_1	d_{1min}	D_{1max}	D_{2max}	B	r_{smin}	r_{1smin}	安装尺寸/mm d_{amin}	D_{amax}	D_{bmin}	d_{bmax}	r_{asmax}	r_{1asmax}	基本额定 动载荷 C_a /kN	静载荷 C_{0a} /kN	极限转速 /(r/min) 脂润滑	油润滑	原轴承代号	
51200	—	10	—	26	11	—	12	26	—	—	0.6	—	20	16	—	—	0.6	—	12.5	17.0	6000	8000	8200	—
51201	—	12	—	28	11	—	14	28	—	—	0.6	—	22	18	—	—	0.6	—	13.2	19.0	5300	7500	8201	—
51202	52202	15	10	32	12	22	17	32	32	5	0.6	0.3	25	22		15	0.6	0.3	16.5	24.8	4800	6700	8202	38202
51203	—	17	—	35	12	—	19	35	—	—	0.6	—	28	24	—	—	0.6	—	17.0	27.2	4500	6300	8203	—
51204	52204	20	15	40	14	26	22	40	40	6	0.6	0.3	32	28		20	0.6	0.3	22.2	37.5	3800	5300	8204	38204

续表

轴承代号 (51000型)	轴承代号 (52000型)	d	d_2	D	T	T_1	d_{1min}	D_{1max}	D_{2max}	B	r_{smin}	r_{1smin}	d_{amin}	D_{amax}	D_{bmin}	d_{hmax}	r_{asmax}	r_{1asmax}	C_a/kN	C_{0a}/kN	极限转速 脂润滑 /(r/min)	极限转速 油润滑 /(r/min)	原轴承代号 (51000)	原轴承代号 (52000)
12(51000型)、22(52000型)尺寸系列																								
51205	52205	25	20	47	15	28	27	47	47	7	0.6	0.3	38	34	34	25	0.6	0.3	27.8	50.5	3400	4800	8205	38205
51206	52206	30	25	52	16	29	32	52	52	7	0.6	0.3	43	39	39	30	0.6	0.3	28.0	54.2	3200	4500	8206	38206
51207	52207	35	30	62	18	34	37	62	62	8	1	0.3	51	46	46	35	1	0.3	39.2	78.2	2800	4000	8207	38207
51208	52208	40	30	68	19	36	42	68	68	9	1	0.6	57	51	51	40	1	0.6	47.0	98.2	2400	3600	8208	37208
51209	52209	45	35	73	20	37	47	73	73	9	1	0.6	62	56	56	45	1	0.6	47.8	105	2200	3400	8209	38209
51210	52210	50	40	78	22	39	52	78	78	9	1	0.6	67	61	61	50	1	0.6	48.5	112	2000	3200	8210	38210
51211	52211	55	45	90	25	45	57	90	90	10	1	0.6	76	69	69	55	1	0.6	67.5	158	1900	3000	8211	38211
51212	52212	60	50	95	26	46	62	95	95	10	1	0.6	81	74	74	60	1	0.6	73.5	178	1800	2800	8212	38212
51213	52213	65	55	100	27	47	67	100		10	1	0.6	86	79	79	65	1	0.6	74.8	188	1700	2600	8213	38213
51214	52214	70	55	105	27	47	72	105		10	1	1	91	84	84	70	1	1	73.5	188	1600	2400	8214	38214
51215	52215	75	60	110	27	47	77	110		10	1	1	96	89	89	75	1	1	74.8	198	1500	2200	8215	38215
51216	52216	80	65	115	28	48	82	115		10	1.1	1	101	94	94	80	1	1	83.8	222	1400	2000	8216	38216
51217	52217	85	70	125	31	55	88	125		12	1.1	1	109	101	109	85	1	1	102	280	1300	1900	8217	38217
51218	52218	90	75	135	35	62	93	135		14	1.1	1	117	108	108	90	1	1	115	315	1200	1800	8218	38218
51220	52220	100	85	150	38	67	103	150		15	1.1	1	130	120	120	100	1	1	132	375	1100	1700	8220	38220
13(51000型)、23(52000型)尺寸系列																								
51304	—	20	—	47	18	—	22	47	47	—	1	—	36	31	—	—	—	—	35.0	55.8	3600	4500	8304	—
51305	52305	25	20	52	18	34	27	52	52	8	1	0.3	41	36	36	25	1	0.3	35.5	61.5	3000	4300	8305	38305
51306	52306	30	25	60	21	38	32	60	60	9	1	0.3	48	42	42	30	1	0.3	42.8	78.5	2400	3600	8306	38306
51307	52307	35	30	68	24	44	37	68	68	10	1	0.3	55	48	48	35	1	0.3	55.2	105	2000	3200	8307	38307
51308	52308	40	30	78	26	49	42	78	78	12	1	0.6	63	55	55	40	1	0.6	69.2	135	1900	3000	8308	38308
51309	52309	45	35	85	28	52	47	85	85	12	1	0.6	69	61	61	45	1	0.6	75.8	150	1700	2600	8309	38309
51310	52310	50	40	95	31	58	52	95	95	14	1.1	0.6	77	68	68	50	1.1	0.6	96.5	202	1600	2400	8310	38310
51311	52311	55	45	105	35	64	57	105	105	15	1.1	0.6	85	75	75	55	1.1	0.6	115	242	1500	2200	8311	38311
51312	52312	60	50	110	35	64	62	110	110	15	1.1	0.6	90	80	80	60	1.1	0.6	118	262	1400	2000	8312	38312
51313	52313	65	55	115	36	65	67	115	115	15	1.1	0.6	95	85	85	65	1.1	0.6	115	262	1300	1900	8313	38313

续表

轴承代号	d	d_2	D	T	T_1	d_{1min}	D_{1max}	D_{2max}	B	r_{smin}	r_{1smin}	d_{asmin}	D_{asmin}	D_{bmin}	d_{bmax}	r_{asmax}	r_{1asmax}	动载荷 C_a	静载荷 C_{0a}	脂润滑	油润滑	原轴承代号	
				尺寸/mm										安装尺寸/mm					基本额定 kN		极限转速/(r/min)			
13(51000 型)、23(52000 型)尺寸系列																							
51314	70	55	125	40	72	72	125	92	16	1.1	1	103	92	92	70	1	1	148	340	1200	1800	8314	38314
51315	75	60	135	44	79	77	135	99	18	1.5	1	111	99	99	75	1.5	1	162	380	1100	1700	8315	38315
51316	80	65	140	44	79	82	140	104	18	1.5	1	116	104	104	80	1.5	1	160	380	1000	1600	8316	38316
51317	85	70	150	49	87	88	150	111	19	1.5	1	124	114	114	85	1.5	1	208	495	950	1500	8317	38317
51318	90	75	155	50	88	93	155	116	19	1.5	1	129	116	116	90	1.5	1	205	495	900	1400	8318	38318
51320	100	85	170	55	97	103	170	128	21	1.5	1	142	128	128	100	1.5	1	235	595	800	1200	8320	38320
14(51000 型)、24(52000 型)尺寸系列																							
51405	25	15	60	24	45	27	60	60	11	1	0.6	46	39	39	25	1	0.6	55.5	89.2	2200	3400	8405	38405
51406	30	20	70	28	52	32	70	70	12	1	0.6	54	46	46	30	1	0.6	72.5	125	1900	3000	8406	38406
51407	35	25	80	32	59	37	80	80	14	1.1	0.6	62	53	53	35	1	0.6	86.5	155	1700	2600	8407	38407
51408	40	30	90	36	65	42	90	90	15	1.1	0.6	70	60	60	40	1	0.6	112	205	1500	2200	8408	38408
51409	45	35	100	39	72	47	100	100	17	1.1	0.6	78	67	67	45	1	0.6	140	262	1400	2000	8409	38409
51410	50	40	110	43	78	52	110	110	18	1.5	0.6	86	74	74	50	1.5	0.6	160	302	1300	1900	8410	38410
51411	55	45	120	48	87	57	120	120	20	1.5	0.6	94	81	81	55	1.5	0.6	182	355	1100	1700	8411	38411
51412	60	50	130	51	93	62	130	130	21	1.5	0.6	102	88	88	60	1.5	0.6	200	395	1000	1600	8412	38412
51413	65	50	140	56	101	68	140	140	23	2	1	110	95	95	65	2.0	1	215	448	900	1400	8413	38413
51414	70	55	150	60	107	73	150	150	24	2	1	118	102	102	70	2.0	1	255	560	850	1300	8414	38414
51415	75	60	160	65	115	78	160	160	26	2	1	125	110	110	75	2.0	1	268	615	800	1200	8415	38415
51416	80	—	170	68	—	83	170	—	—	2.1	—	133	117	117	—	2.1	—	292	692	750	1100	8416	—
51417	85	65	180	72	128	88	177	179.5	29	2.1	1.1	141	124	124	85	2.1	1	318	782	700	1000	8417	38417
51418	90	70	190	77	135	93	187	189.5	30	2.1	1.1	149	131	131	90	2.1	1	325	825	670	950	8418	38418
51420	100	80	210	85	150	103	205	209.5	33	3	1.1	165	145	145	110	2.1	1	400	1080	600	850	8420	38420

注: 1. 同表 8-97 中注 1。

2. r_{smin}、r_{1smin} 为 r、r_1 的最小单向倒角尺寸；r_{asmax}、r_{1asmax} 为 r_a、r_{1a} 的最大单向倒角尺寸。

三、滚动轴承的配合（GB/T 275—2002 摘录）

滚动轴承的配合标准见表 8-101～表 8-106。

表 8-101　向心轴承载荷的区分

载荷大小	轻载荷	正常载荷	重载荷
$\dfrac{P_i(径向当量动载荷)}{C_r(径向额定动载荷)}$	≤0.07	0.07～0.15	＞0.15

表 8-102　安装向心轴承的轴公差带代号

动转状态		载荷状态	深沟球轴承、调心球轴承和角接触球轴承	圆柱滚子轴承和圆锥滚子轴承	调心滚子轴承	公差带
说明	举例		轴承公称内径/mm			
旋转的内圈载荷及摆动载荷	一般通用机械、电动机、机床主轴、泵、内燃机、直齿轮传动装置、铁路机车车辆轴箱、破碎机等	轻载荷	≤18	—	—	h5
			18～100	≤40	≤40	j6[①]
			100～200	40～140	40～100	k6[①]
		正常载荷	≤18	—	—	j5,js5
			18～100	≤40	≤40	k5[②]
			100～140	40～100	40～65	m5[②]
			140～200	100～140	65～100	m6
		重载荷	—	50～140	50～100	n6
			—	140～200	100～140	p6[③]
固定的内圈载荷	静止轴上的各种轮子、张紧轮、绳轮、振动筛、惯性振动器	所有载荷	所有尺寸			f6 g6[①] h6 j6
仅有轴向载荷			所有尺寸			j6,js6

① 凡对精度有较高要求的场合，应用 j5、k5、…代替 j6、k6、…。
② 圆锥滚子轴承、角接触球轴承配合对游隙影响不大，可用 k6、m6 代替 k5、m5。
③ 重载荷下轴承游隙应选大于 0 组。

表 8-103　安装向心轴承的孔公差带代号

运转状态		载荷状态	其他状况	公差带[①]	
说明	举例			球轴承	滚子轴承
固定的外圈载荷	一般机械、铁路机车车辆轴箱、电动机、泵、曲轴主轴承	轻、正常、重	轴向易移动，可采用剖分式外壳	H7、G7[②]	
		冲击	轴向能移动，可采用整体或剖分式外壳	J7、Js7	
摆动载荷		轻、正常		J7、Js7	
		正常、重		K7	
		冲击		M7	
旋转的外圈载荷	张紧滑轮、轮毂轴承	轻	轴向不移动，采用整体式外壳	J7	K7
		正常		K7、M7	M7、N7
		重		—	N7、P7

① 并列公差带随尺寸的增大从左至右选择，对旋转精度有较高要求时，可相应提高一个公差等级。
② 不适用于剖分式外壳。

表 8-104 安装推力轴承的轴和孔公差带代号

运转状态	载荷状态	安装推力轴承的轴公差带		安装推力轴承的外壳孔公差带	
		轴承类型	公差带	轴承类型	公差带
仅有轴向载荷		推力球和推力滚子轴承	j6、js6	推力球轴承	H8
				推力圆柱、圆锥滚子轴承	H7

表 8-105 轴和外壳的几何公差

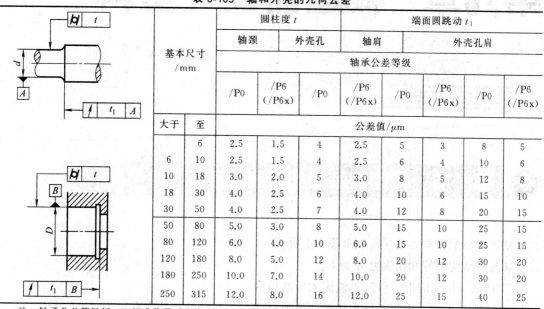

基本尺寸 /mm		圆柱度 t			端面圆跳动 t_1			
		轴颈		外壳孔	轴肩		外壳孔肩	
		轴承公差等级						
大于	至	/P0	/P6 (/P6x)	/P0	/P0	/P6 (/P6x)	/P0	/P6 (/P6x)
		公差值/μm						
	6	2.5	1.5	4	2.5	5	8	5
6	10	2.5	1.5	4	2.5	6	10	6
10	18	3.0	2.0	5	3.0	8	12	8
18	30	4.0	2.5	6	4.0	10	15	10
30	50	4.0	2.5	7	4.0	12	20	15
50	80	5.0	3.0	8	5.0	15	25	15
80	120	6.0	4.0	10	6.0	15	25	15
120	180	8.0	5.0	12	8.0	20	30	20
180	250	10.0	7.0	14	10.0	20	30	20
250	315	12.0	8.0	16	12.0	25	40	25

注：轴承公差等级新、旧标准代号对照为：/P0—G 级；/P6—E 级；/P6x—Ex 级。

表 8-106 配合面的表面粗糙度

轴或轴承座直径 /mm		轴或外壳配合表面直径公差等级									
		IT7			IT6			IT5			
		表面粗糙度/μm									
超过	到	Rz	Ra		Rz	Ra		Rz	Ra		
			磨	车		磨	车		磨	车	
	80	10	1.6	3.2	6.3	0.8	1.6	4	0.4	0.8	
80	500	16	1.6	3.2	10	1.6	3.2	6.3	0.8	1.6	
端面		25	3.2	6.3	25	3.2	6.3	10	1.6	1.6	

注：与/P0、/P6（/P6x）级公差轴承配合的轴，其公差等级一般为 IT6，外壳孔一般为 IT7。

第九章 减速器设计资料

 第一节 减速器装配图常见错误示例 <<<

减速器装配图常见错误示例如图 9-1 所示。

其装配结构不好和错误之处如下。

① 轴承采用油润滑，但油不能流入导油沟内。

② 窥视孔太小，不便于检查传动件的啮合情况，并且没有垫片密封。

③ 两端吊钩的尺寸不同，并且左端吊钩尺寸太小。

④ 油尺座孔不够倾斜，无法进行加工和装拆。

⑤ 放油螺塞孔端处的箱体没有凸起，螺塞与箱体之间也没有封油圈，并且螺纹孔长度太短，很容易漏油。

⑥、⑫ 箱体两侧的轴承孔端面没有凸起的加工面。

⑦ 垫片孔径太小，端盖不能装入。

⑧ 轴肩过高，不能通过轴承的内圈来拆卸轴承。

⑨、⑲ 轴段太长，有弊无益。

⑩、⑯ 大、小齿轮同宽，很难调整两齿轮在全齿宽上啮合，并且大齿轮没有倒角。

⑪、⑬ 投影交线不对。

⑭ 间距太短，不便拆卸弹性柱销。

⑮、⑰ 轴与齿轮轮毂的配合段同长，轴套不能固定齿轮。

⑱ 箱体两凸台相距太近，铸造工艺性不好，造型时出现尖砂。

⑳、㉗ 箱体凸缘太窄，无法加工凸台的沉头座，连接螺栓头部也不能全坐在凸台上。对应的主视图投影也不对。

㉑ 输油沟的油容易直接流回箱座内而不能润滑轴承。

㉒ 没有此孔，此处缺少凸台与轴承座的相贯线。

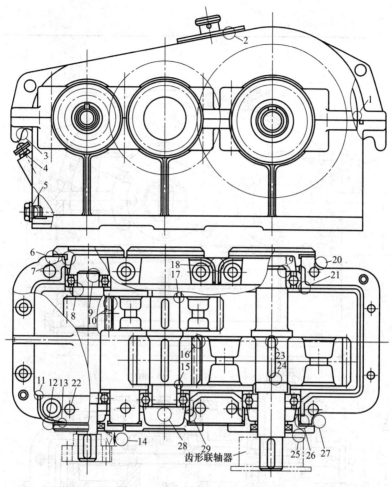

图 9-1 减速器装配图常见错误

○—表示不好或错误的结构

㉓ 键的位置紧贴轴肩，加大了轴肩处的应力集中。

㉔ 齿轮轮毂上的键槽，在装配时不易对准轴上的键。

㉕ 齿轮联轴器与箱体端盖相距太近，不便于拆卸端盖螺钉。

㉖ 端盖与箱座孔的配合面太短。

㉘ 所有端盖上应当开缺口，使润滑油在较低油面就能进入轴承以加强密封。

㉙ 端盖开缺口部分的直径应当缩小，也应与其他端盖一致。

㉚ 未圈出。图中有若干圆缺中心线。

第二节 减速器设计参考图例

减速器设计参考图例如图 9-2～图 9-18 所示。

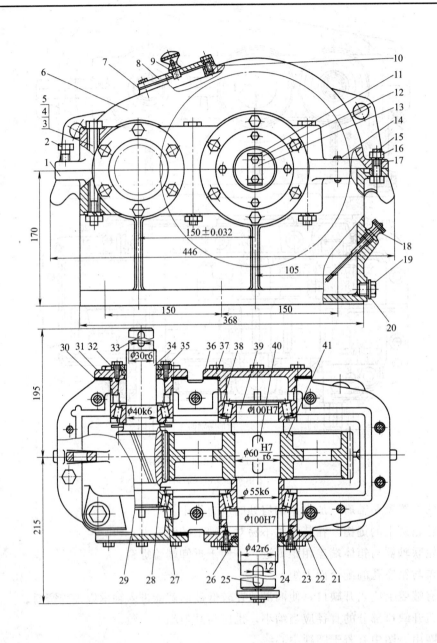

说明:箱座侧壁有斜度,底面小,可减轻箱体重量。箱座剖分面有油槽,以防漏油。采用嵌入式轴承盖,o
形圈密封,结构简单,轴向尺寸小。用垫片调整轴承间隙时,需拆卸轴承盖和箱盖,使用不方便。齿轮毛坯采
用模锻,适用于成批生产。

图 9-2　圆柱齿轮减

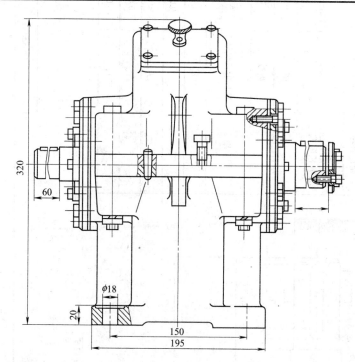

技术要求

1. 装配前,全部零件用煤油清洗,箱体内不许有杂物存在。在内壁涂两次不被机油侵蚀的涂料。
2. 用铅丝检验啮合侧隙。其侧隙不小于0.16mm,铅丝不得大于最小侧隙的4倍。
3. 用涂色法检验斑点。齿高接触斑点不小于40%;齿长接触斑点不小于50%。必要时可采用研磨或刮后研磨,以便改善接触情况。
4. 调整轴承时所留轴向间隙如下: ϕ40为0.05~0.1mm; ϕ55为0.08~0.15mm。
5. 装配时,部分面不允许使用任何填料,可涂以密封油漆或水琉璃。试转时应检查剖分面、各接触面及密封处,均不准漏油。
6. 箱座内装L-CKB46号工业齿轮,油至规定高度。
7. 表面涂灰色油漆。

技术参数表

功率	4.5kW	高速轴转速	480r/min	传动比	4.16

41	大齿轮	1	45			19	六角螺塞M18×1.5	1	Q235A	JB/T 1700—2008	
40	键18×50	1	Q275A	GB/T 1096—2003		18	油标	1	Q235A		
39	轴	1	45			17	垫圈10	2	65Mn	GB 93—1987	
38	轴承30311E	2		GB/T 297—1994		16	螺母 M10	2	Q235A	GB/T 41—2000	
37	螺栓M8×25	24	Q235A	GB/T 5782—2000		15	螺栓 M10×35	4	Q235A	GB/T 5782—2000	
36	轴承端盖	1	HT200			14	销 A8×30	2	35	GB/T 117—2000	
35	J型油封35×60×12	1	耐油橡胶	HG 4-338—1966		13	防松垫片	1	Q215A		
34	齿轮轴	1	45			12	轴端挡圈	1	Q235A		
33	键8×50	1	Q275A	GB/T 1096—2003		11	螺栓 M6×25	2	Q235A	GB/T 5782—2000	
32	密封盖板	1	Q235A			10	螺栓 M6×20	4	Q235A	GB/T 5782—2000	
31	轴承端盖	1	HT200			9	通气器	1	Q235A		
30	调整垫片	2	成组			8	窥视孔盖	1	Q215A		
29	轴承端盖	1	HT200			7	垫片	1	石棉橡胶纸		
28	轴承30308E	2		GB/T 297—1994		6	箱盖	1	HT200		
27	挡油环	2	Q215A			5	垫圈 12	6	65Mn	GB 93—1987	
26	J型油封50×72×12	1	耐油橡胶	HG 4-338—1966		4	螺母 M12	6	Q235A	GB/T 41—2000	
25	键12×56	1	Q275A	GB/T 1096—2003		3	螺栓 M12×100	6	Q235A	GB/T 5782—2000	
24	定距环	1	Q235A			2	起盖螺钉M10×30	1	Q235A	GB/T 5780—2000	
23	密封盖板	1	Q235A			1	箱座	1	HT200		
22	轴承端盖	1	HT200			序号	名称	数量	材料	标准	备注
21	调整垫片	2组	08F								
20	油圈25×18	1	工业用革					(标题栏)			
序号	名称	数量	材料	标准	备注						

速器(凸缘式端盖)

法向模数	m_n	3
齿数	z	19
齿形角	α	20°
齿顶高系数	h_a^*	1
螺旋角	β	11°28′42″
螺旋方向	左旋	
径向变位系数	x	0
齿厚		$4.712^{-0.084}_{-0.140}$
精度等级	7GB/T 10095.1—2008	
齿轮副中心距及其极限偏差	$a \pm f_a$	150±0.032
配对齿轮	图号	图9-3
	齿数	79
检验组	检验项目代号	公差(或极限偏差)值
Ⅰ	F_r	0.030
Ⅰ	F_p	0.038
Ⅱ	f_{p1}	±0.012
Ⅱ	F_α	0.016
Ⅲ	F_β	0.020

(标题栏)

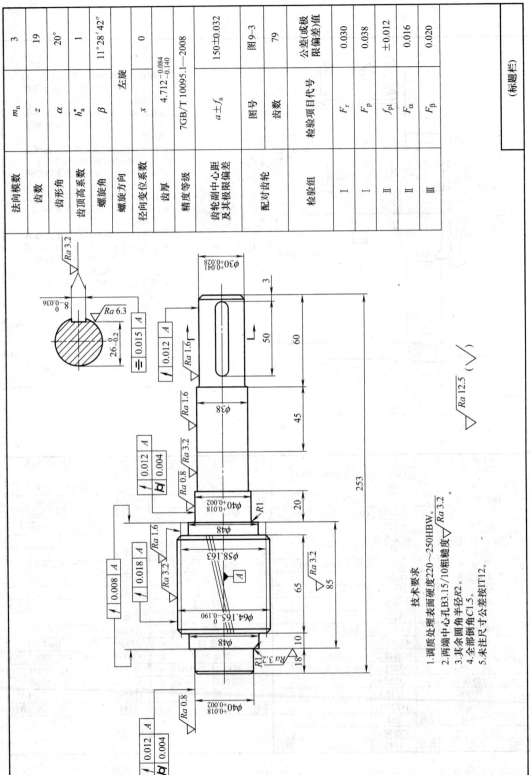

技术要求

1. 调质处理表面硬度220~250HBW。
2. 两端中心孔B3.15/10粗糙度 $\sqrt{Ra\ 3.2}$。
3. 其余圆角半径R2。
4. 全部倒角C1.5。
5. 未注尺寸公差按IT12。

图 9-3 齿轮轴

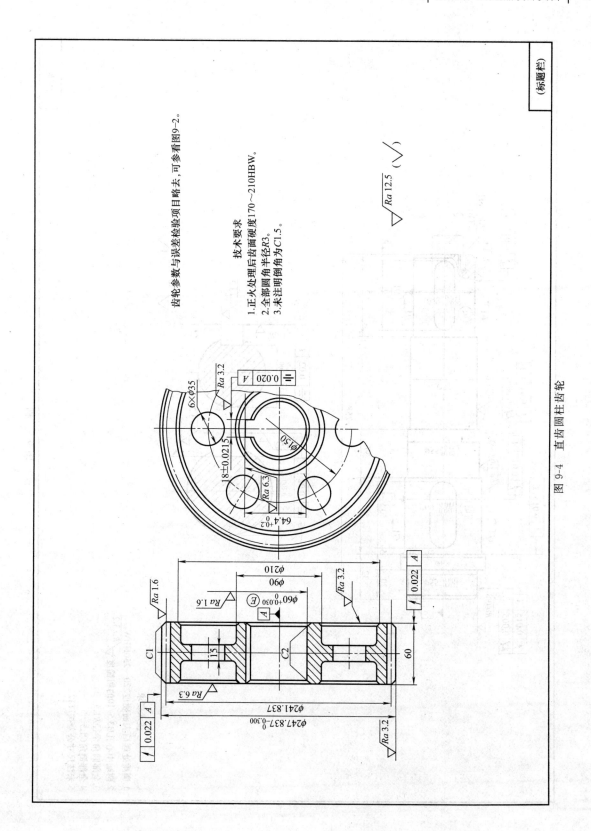

齿轮参数与误差检验项目略去，可参看图9-2。

技术要求

1. 正火处理后齿面硬度170～210HBW。
2. 全部圆角半径R3。
3. 未注明倒角为C1.5。

$\sqrt{Ra\ 12.5}\ (\sqrt{\ })$

图 9-4 直齿圆柱齿轮

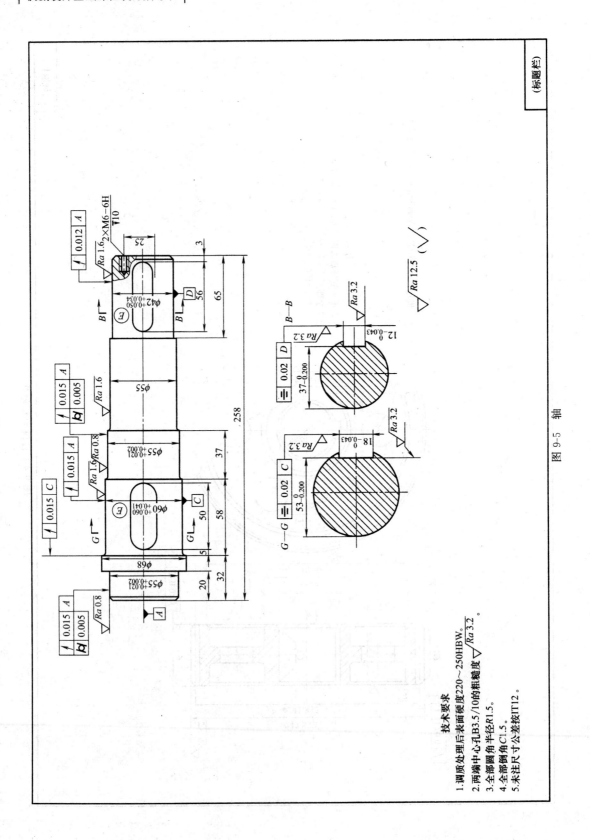

技术要求

1. 调质处理后表面硬度220～250HBW。
2. 两端中心孔LB3.5/10的粗糙度 ▽$\sqrt{Ra\,3.2}$。
3. 全部圆角半径R1.5。
4. 全部倒角C1.5。
5. 未注尺寸公差按IT12。

图 9-5　轴

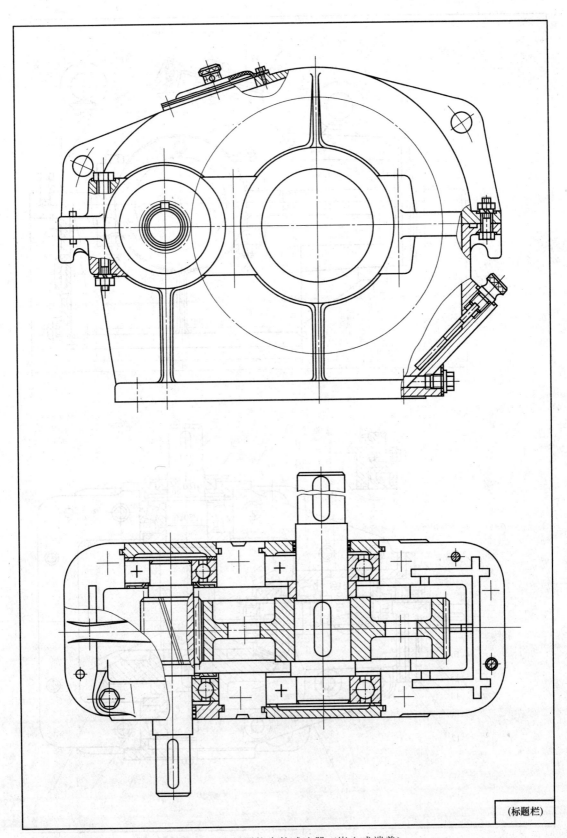

(标题栏)

图 9-6 一级圆柱齿轮减速器（嵌入式端盖）

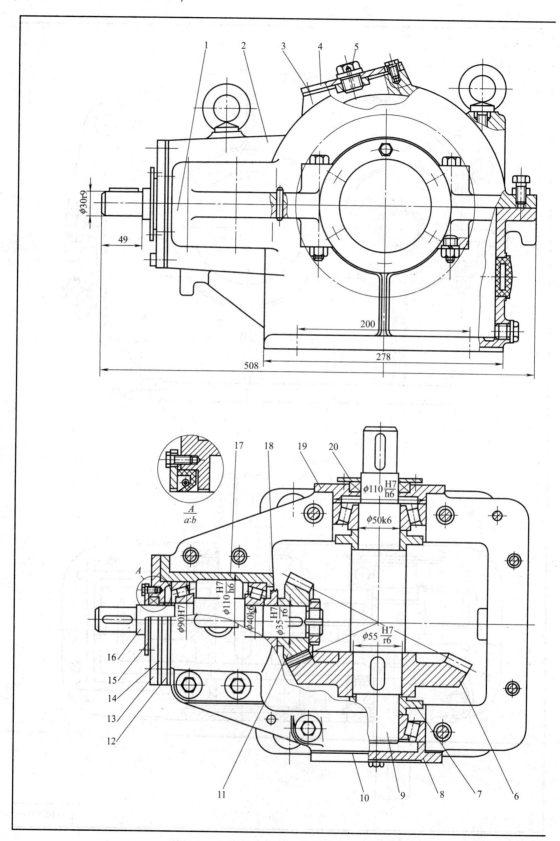

图 9-7 一级圆锥

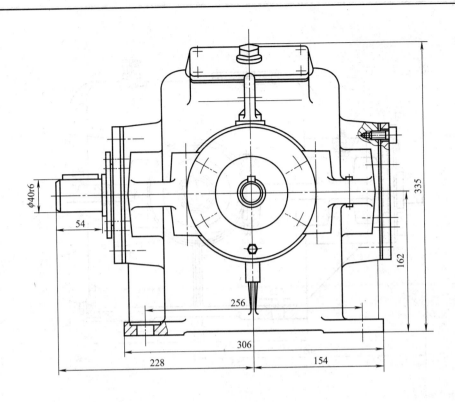

减速器参数

1. 功率:4.5kW;2. 高速轴转速:420r/min;3. 传动比:2:1

技术要求

1.装配前,所有零件进行清洗,箱体内壁涂耐油油漆。

2.啮合侧隙之大小用铅丝来检验,保证侧隙不小于0.17mm,所用铅丝直径不得大于最小侧隙的2倍。

3.用涂色法检验齿面接触斑点,按齿高和齿长接触斑点都不少于50%。

4.调整轴承轴向间隙,高速轴为0.04～0.07mm,低速轴为0.05～0.1mm。

5.减速器剖分面、各接触面及密封处均不许漏油,剖分面允许涂密封胶或水玻璃。

6.减速器内装50号工业齿轮油至规定高度。

7.减速器表面涂灰色油漆。

20	密封盖	1	Q215A		8	轴承端盖	1	HT150	
19	轴承端盖	1	HT150		7	挡油环	2	Q235A	
18	挡油环	1	Q235A		6	大锥齿轮	1	40	$m=5,z=42$
17	套杯	1	HT150		5	通气器	1	Q235A	
16	轴	1	45		4	窥视孔盖	1	Q235A	组件
15	密封盖板	1	Q215A		3	垫片	1	压纸板	
14	调整垫片	1组	08F		2	箱盖	1	HT150	
13	轴承端盖	1	HT150		1	箱座	1	HT150	
12	调整垫片	1组	08F		序号	名称	数量	材料	备注
11	小锥齿轮	1	45	$m=5,z=20$					
10	调整垫片	2组	08F						
9	轴	1	45			(标题栏)			
序号	名称	数量	材料	备注					

齿轮减速器

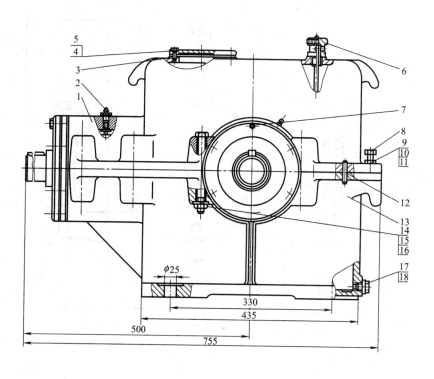

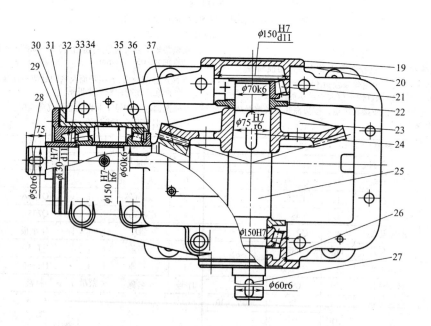

图 9-8　一级圆

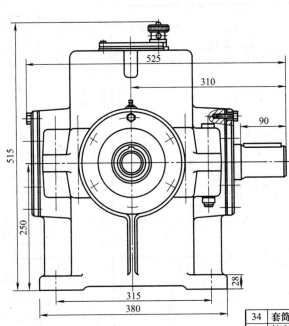

技术要求

1. 装配前对零件进行清洗,箱体内涂耐油油漆。

2. 用涂色法检验斑点,在齿高和齿长方向接触斑点不小于50%。

3. 高速轴轴承的轴向间隙为0.1,低速轴轴承的轴向间隙为0.13mm。

4. 减速器剖分面及密封处均不许漏油,剖分面可涂水玻璃或密封胶。

5. 润滑用L-CKB 46号工业齿轮油。

6. 减速器表面涂灰色油漆。

说明: 小齿轮轴承装在套杯内,为保证安装,齿轮轴上小齿轮的顶圆直径必须小于套杯的最小直径,小齿轮轴用一对正装的圆锥滚子轴承支承,用垫片30调节轴承间隙,垫片32调节齿轮啮合,套筒34作为轴承内圈的轴向固定,为减少配合面,轴37的配合部分的中段直径减小。轴承用油脂润滑,用油杯2定期加油。

34	套筒	1	Q235A		
33	轴套	1	Q235A		
32	调整垫片	1组	08F		
31	套杯	1	HT150		
30	调整垫片	1组	08F		
29	轴承端盖	1	HT150		
28	键 14×63	1	45	GB/T 1096—2003	
27	键 18×80	1	45	GB/T 1096—2003	
26	轴承端盖	1	HT150		
25	轴	1	45		
24	键 20×80	1	45	GB/T 1096—2003	
23	大锥齿轮	1	45		
22	挡油环	2	Q235A		
21	轴承 30314	2		GB/T 297—1994	
20	调整垫片	2组	08F		
19	轴承端盖	1	HT150		
18	油圈 25×18	1	工业用革	ZB 70—1962	
17	六角螺塞 M18×1.5	1	5.9	JB/T 1700—2008	
16	螺母 M16	8	5	GB/T 41—2000	
15	垫圈 16	8	65Mn	GB 93—1987	
14	螺栓 M18×130	8	5.9	GB/T 5782—2000	
13	箱座	1	HT150		
12	销 B8×40	2	35		
11	螺母 M12	2	5	GB/T 41—2000	
10	垫圈 12	2	65Mn	GB/T 93—1987	
9	螺栓 M12×45	2	5.9	GB/T 5782—2000	
8	起盖螺钉 M12×25	1	5.9	GB/T 5782—2000	
7	螺栓 M10×25	18	5.9	GB/T 5782—2000	
6	油标	1	组件		
5	垫片	1	石棉橡胶纸		
4	检查孔盖	1	HT150		
3	螺栓 M16×20	4	5.9	GB/T 5782—2000	
2	油杯 M10×1	2		JB/T 7940.1—1995	
1	箱盖	1	HT150		
序号	名称	数量	材料	标准	备注
	(标题栏)				

37	小锥齿轮	1	45		
36	挡油环	1	Q235A		
35	轴承 3012E	2		GB/T 272—1993	
序号	名称	数量	材料	标准	备注

锥齿轮减速器

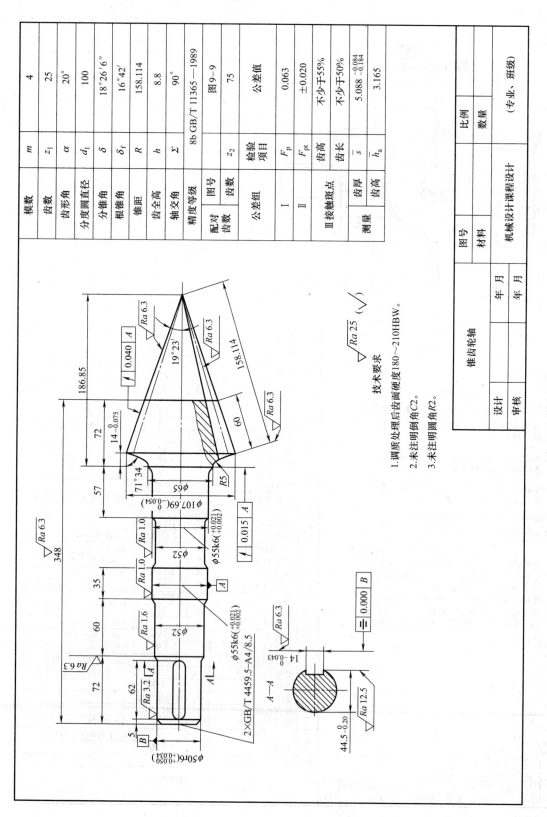

模数	m	4
齿数	z_1	25
齿形角	α	20°
分度圆直径	d_1	100
分锥角	δ	18°26′6″
根锥角	δ_f	16°42′
锥距	R	158.114
齿全高	h	8.8
轴交角	Σ	90°
精度等级		8b GB/T 11365—1989
配对齿轮	图号	图9-9
	齿数	z_2	75
公差组	检验项目	公差值
I	F_p	0.063
II	F_{pt}	±0.020
III接触斑点	齿高	不少于55%
	齿长	不少于50%
测量	齿厚	$\bar{s}$	$5.088^{-0.084}_{-0.184}$
	齿高	$\bar{h}_a$	3.165

机械设计课程设计					(专业、班级)
	图号			比例	
	材料			数量	
锥齿轮轴					
设计		年 月			
审核		年 月			

图9-9 锥齿轮轴

技术要求

1.调质处理后齿面硬度180~210HBW。

2.未注明倒角C2。

3.未注明圆角R2。

$\sqrt{Ra\ 25}\ (\sqrt{})$

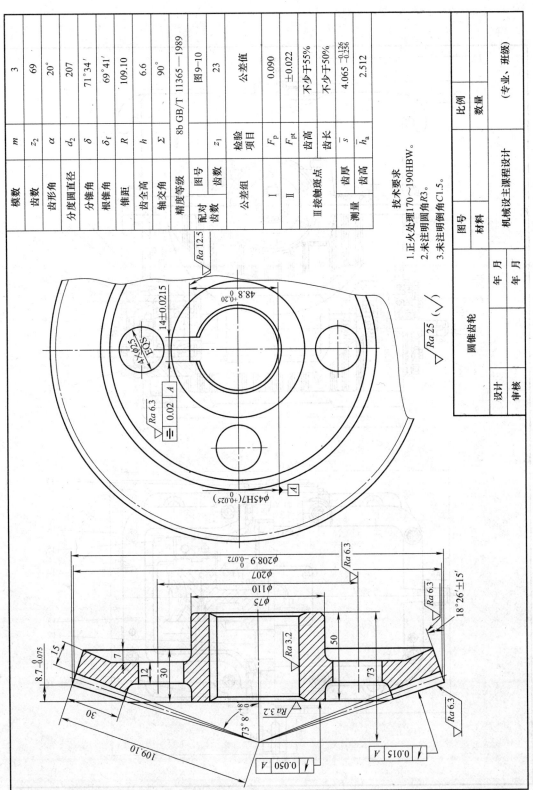

模数	m	3
齿数	z_2	69
齿形角	α	20°
分度圆直径	d_2	207
分锥角	δ	71°34′
根锥角	δ_f	69°41′
锥距	R	109.10
齿全高	h	6.6
轴交角	Σ	90°
精度等级		8b GB/T 11365—1989
配对齿轮	图号	图9-10
	齿数	z_1	23
公差组	检验项目	公差值
I	F_p	0.090
II	F_{pt}	±0.022
III 接触斑点	齿高	不少于55%
	齿长	不少于50%
测量	齿厚	$\bar{s}$	4.065 $^{-0.126}_{-0.256}$
	齿高	$\bar{h}_a$	2.512

技术要求
1. 正火处理170~190HBW。
2. 未注明圆角R3。
3. 未注明倒角C1.5。

图号		比例	
材料		数量	
机械设计主课程设计		(专业、班级)	
设计	年 月		
审核	年 月	圆锥齿轮	

图 9-10 圆锥齿轮

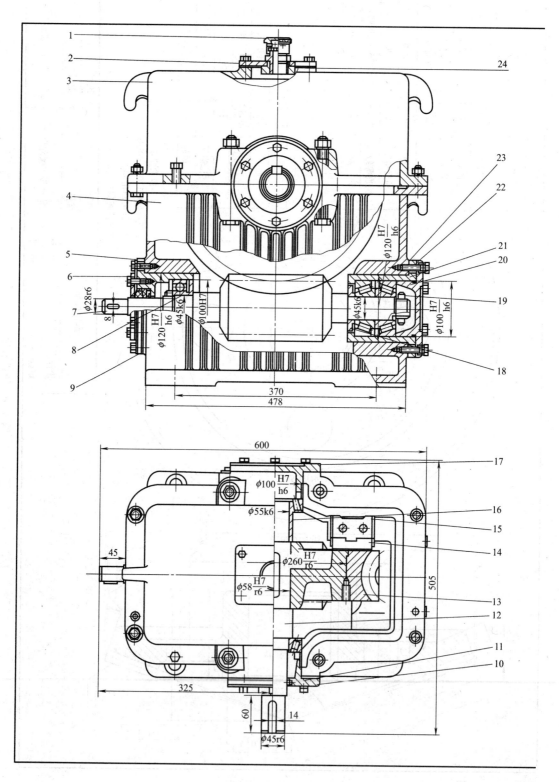

图 9-11 一级蜗

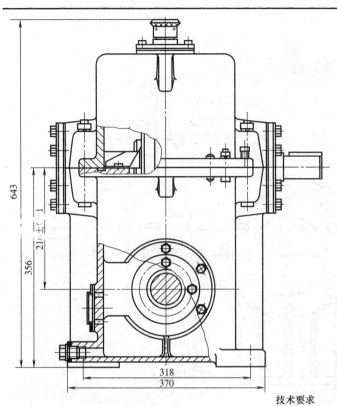

	技术参数		
输入功率	P_1	4kW	
主动轴转速	n_1	1500r/min	
传动效率	η	82%	
传动比	i	28	

1. 装配前所有零件均用煤油清洗，滚动轴承用汽油清洗。

2. 各配合处、密封处、螺钉连接处用润滑脂润滑。

3. 保证啮合侧隙不小于0.19mm。

4. 接触斑点按齿高不得小于50%，按齿长不得小于50%。

技术要求

5. 蜗杆轴承的轴向间隙为0.04～0.07mm，蜗轮轴承的轴向间隙为0.05～0.1mm。

6. 箱内装SH/T 0094—1991蜗轮蜗杆油680号至规定高度。

7. 未加工外表面涂灰色油漆，内表面涂红色耐油漆。

24	垫片	1	石棉橡胶纸		10	轴承端盖	1	HT150	
23	调整垫片	1组	08F		9	密封垫片	1	08F	
22	调整垫片	1组	08F		8	挡油环	1	Q235A	
21	套杯	3	HT150		7	蜗杆轴	1	45	
20	轴承端盖	1	HT150		6	压板	1	Q235A	
19	挡圈	1	Q235A		5	套杯端盖	1	HT150	
18	挡油环	1	Q235A		4	箱座	1	HT200	
17	轴承端盖	1	HT150		3	箱盖	1	HT200	
16	套筒	1	Q235A		2	窥视孔盖	1	Q235A	组件
15	油盘	1	Q235A		1	通气器	1		组件
14	刮油板	1	Q235A		序号	名称	数量	材料	备注
13	蜗轮	1		组件					
12	轴	1	45						
11	调整垫片	2组	08F			(标题栏)			
序号	名称	数量	材料	备注					

杆减速器（下置式）

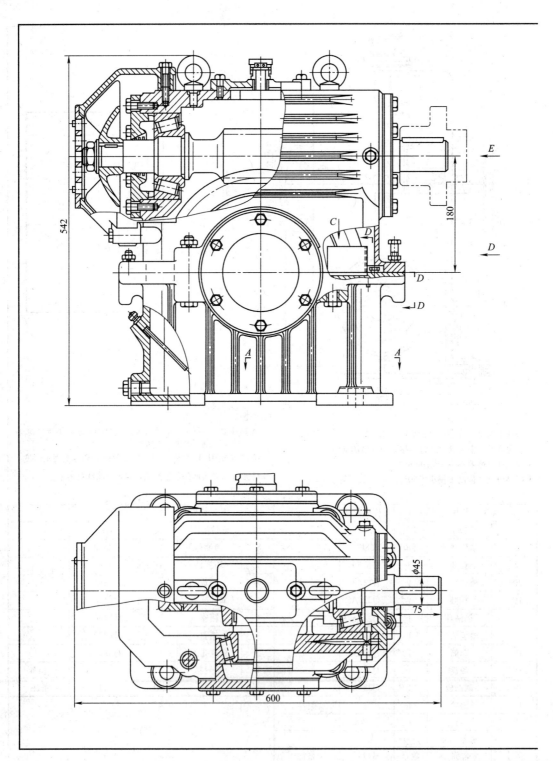

图 9-12 一级蜗杆

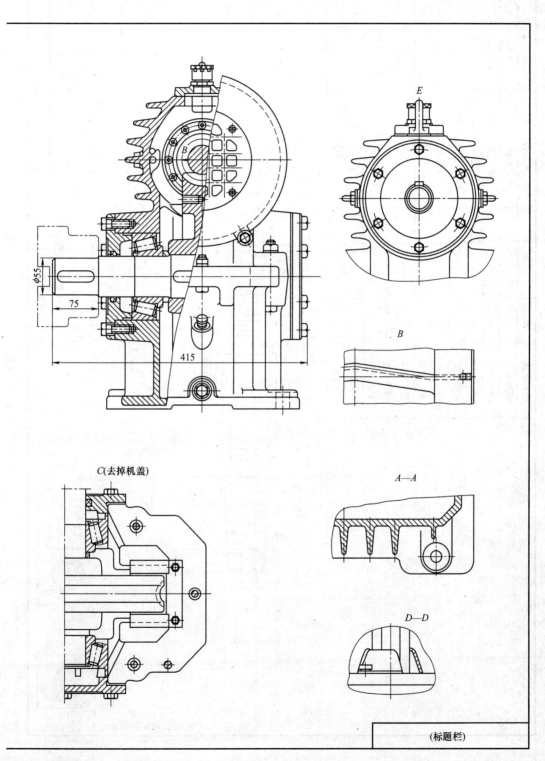

减速器（上置式）

轴向模数	m_x	8	相啮合蜗轮图号	图 9-13	$\overline{p}_x$	25.12
蜗杆头数	z_1	2	中心距及其偏差	179.5 ± 0.05		
轴向齿形角	α	20°	轴向齿距极限偏差	f_{px}		± 0.025
齿顶高系数	h_a^*	1	轴向齿距累计误差	f_{pxL}		± 0.045
顶隙系数	c^*	0.2	轴向齿形公差	f_{f1}		± 0.040
螺杆直径系数	q	7.875	蜗杆螺牙径向跳动公差	f_r		± 0.025
蜗杆类型		ZA			h_a	8
蜗杆导角	γ	14°15′00″			s_x	$12.56_{-0.302}^{-0.201}$
精度等级	蜗杆 8c GB/T 10089—1988					
螺旋方向		右旋			s_n	$12.19_{-0.302}^{-0.201}$
分度圆直径	d_1	63				
全齿高	h	17.6				

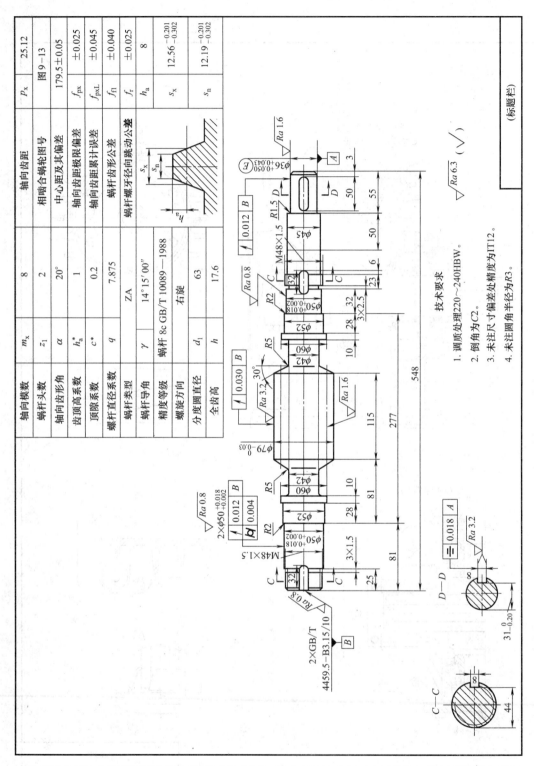

技术要求

1. 调质处理220~240HBW。
2. 倒角为C2。
3. 未注尺寸偏差处精度为IT12。
4. 未注圆角半径为R3。

$\sqrt{Ra\,6.3}$ （ $\sqrt{}$ ）

（标题栏）

图 9-13 蜗杆

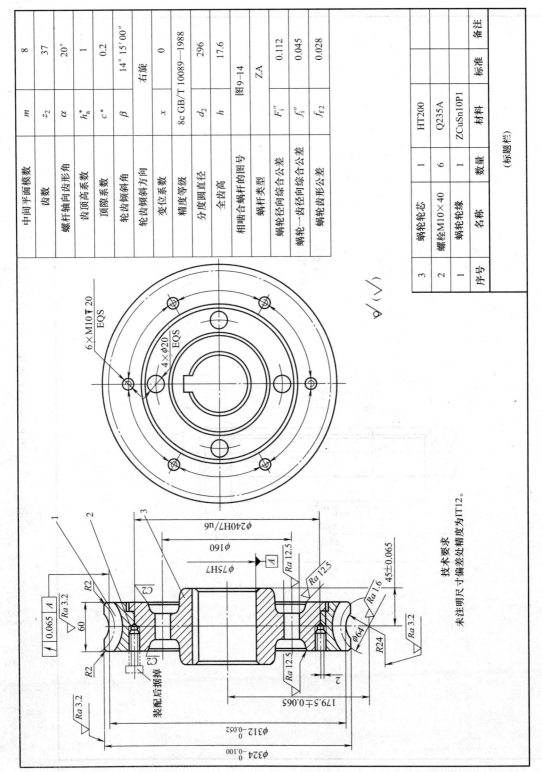

中间平面模数	m	8
齿数	z_2	37
螺杆轴向齿形角	α	20°
齿顶高系数	h_a^*	1
顶隙系数	c^*	0.2
轮齿倾斜角	β	14°15′00″
轮齿倾斜方向		右旋
变位系数	x	0
精度等级		8c GB/T 10089—1988
分度圆直径	d_2	296
全齿高	h	17.6
相啮合蜗杆的图号		图9-14
蜗杆类型		ZA
蜗轮径向综合公差	F_i''	0.112
蜗轮一齿径向综合公差	f_i''	0.045
蜗轮齿形公差	f_{f2}	0.028

序号	名称	数量	材料	标准	备注
3	蜗轮轮芯	1	HT200		
2	螺栓M10×40	6	Q235A		
1	蜗轮轮缘	1	ZCuSn10P1		

(标题栏)

$\sqrt[\neg]{}\ (\sqrt{})$

技术要求
未注明尺寸偏差处精度为IT12。

图 9-14 蜗杆部件

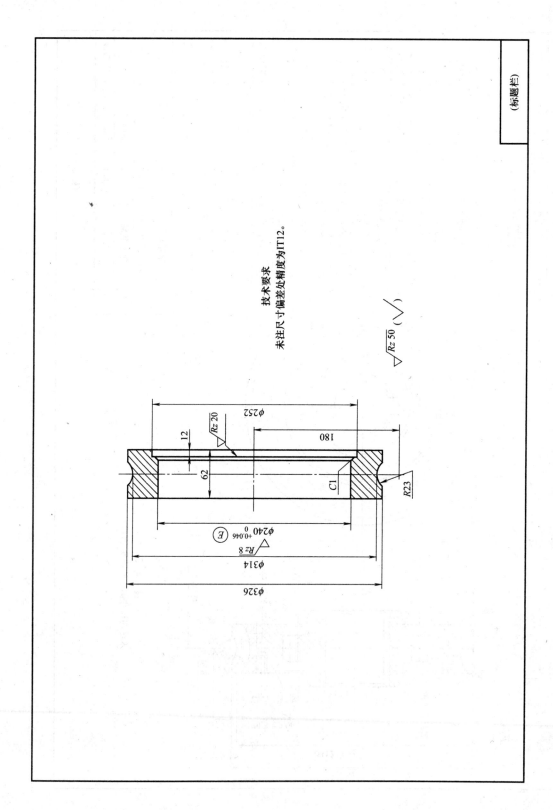

图 9-15　蜗杆轮缘

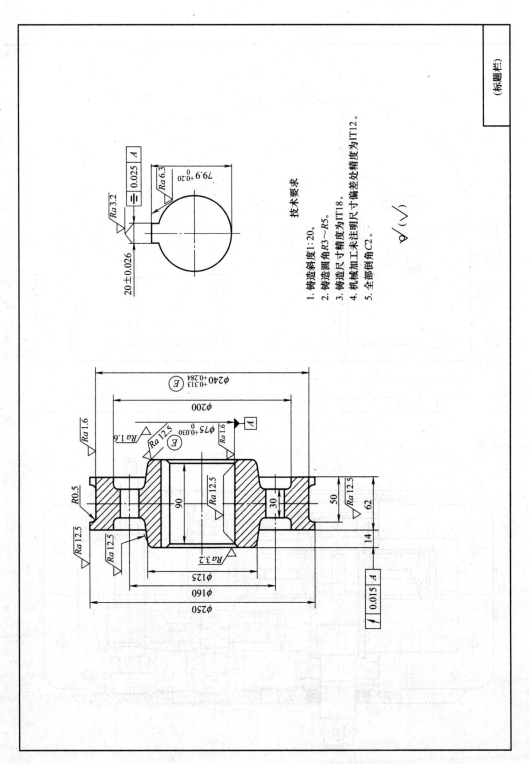

技术要求
1. 铸造斜度1:20。
2. 铸造圆角R3～R5。
3. 铸造尺寸精度为IT18。
4. 机械加工未注明尺寸偏差处精度为IT12。
5. 全部倒角C2。

图9-16 蜗轮轮芯

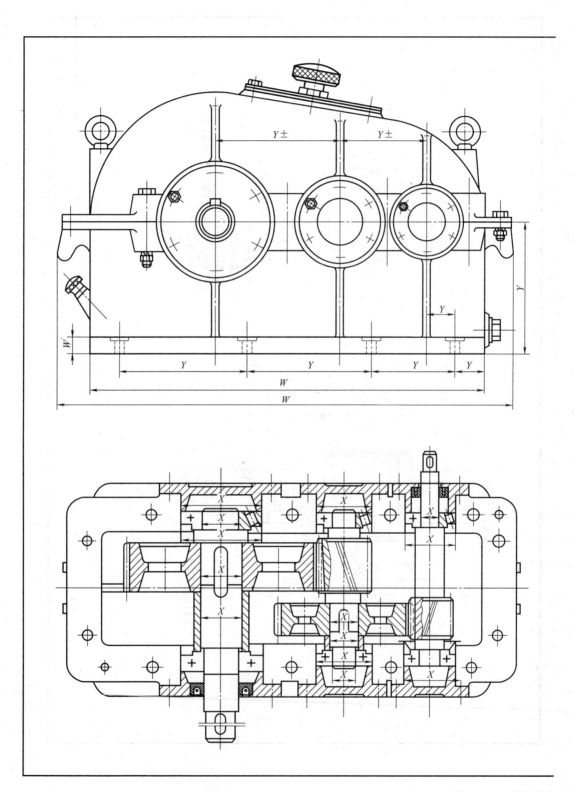

图 9-17 二级圆柱齿

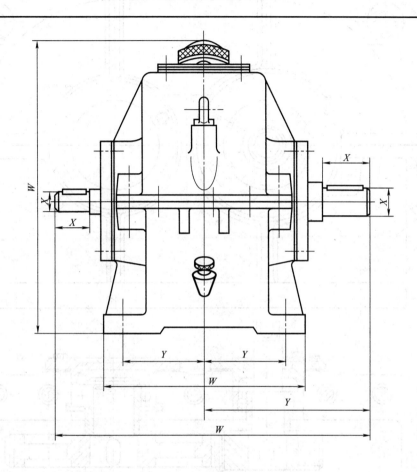

　　说明：齿轮传动用油润滑，滚动轴承用脂润滑。为避免油池中稀油溅入轴承座，在齿轮与轴承之间放置挡油环。输入轴和轴出轴处用毡圈密封，在毡圈外装有压紧盖，以延长密封圈使用寿命和便于更换。

(标题栏)

轮减速器（展开式）

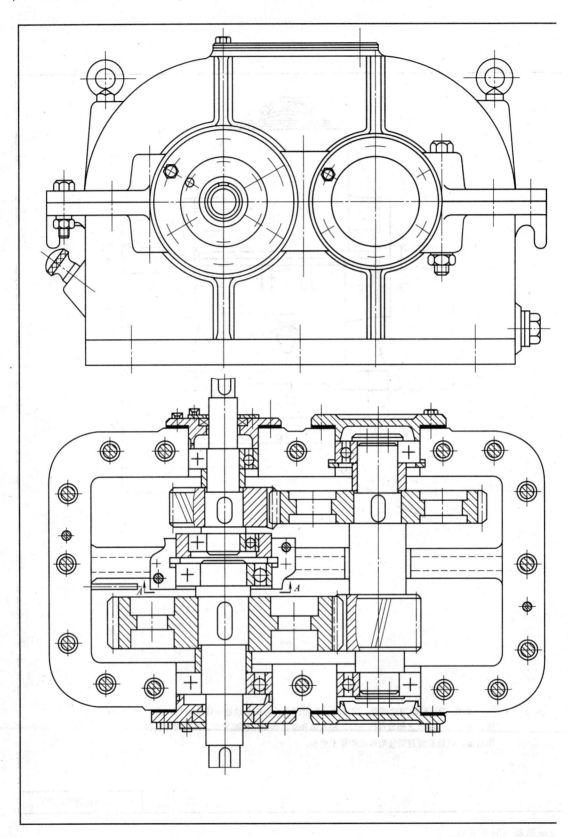

图 9-18 二级圆柱齿

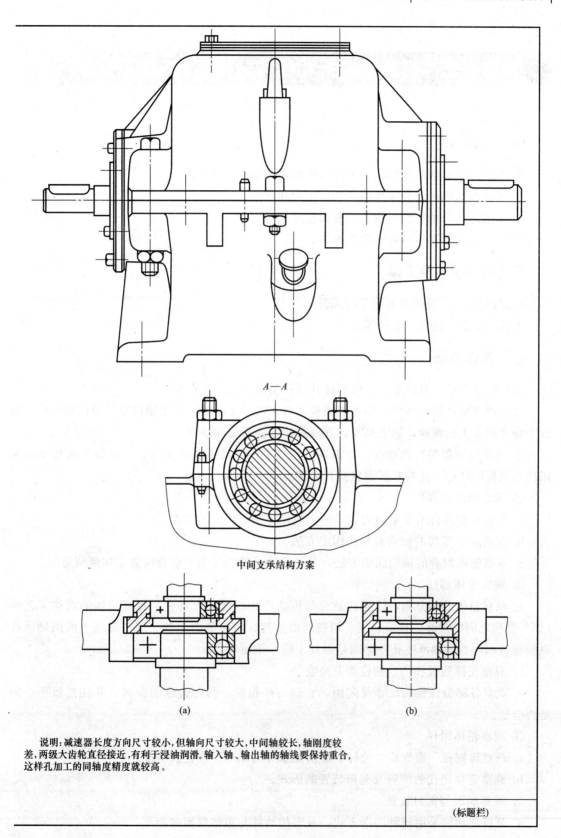

A—A

中间支承结构方案

(a) (b)

说明：减速器长度方向尺寸较小，但轴向尺寸较大，中间轴较长，轴刚度较差，两级大齿轮直径接近，有利于浸油润滑。输入轴、输出轴的轴线要保持重合，这样孔加工的同轴度精度就较高。

(标题栏)

轮减速器（同轴式）

第三节　减速器装拆和结构分析实训

一、实训目的

① 熟悉减速器的基本结构，了解常用减速器的用途及特点。
② 了解减速器各部分零件的名称、结构和功用。
③ 了解减速器的装配关系及安装调整过程。
④ 学会减速器基本参数的测定方法。

二、实训设备及工具

减速器型号：（具体型号因学校而异）。
工具：扳手、钢尺、卡尺等。

三、实训步骤

(1) 结合图册、教材等，了解减速器的使用场合及主要特性。
(2) 观察减速器的外形，用手来回推动输入轴、输出轴，感受轴向窜动及传动过程。用扳手旋开箱盖上的螺栓，卸下箱盖，观察减速器各部分的结构。

① 观察减速器的传动路线，分析该传动方案的优缺点及适用场合。观察各级传动所采用传动机构的特点，并判断其布置是否合理。

② 观察轴组件部件

a. 分析传动零件所受轴向力和径向力向箱体基础传递的过程。

b. 分析轴上零件的轴向和周向固定方法。

c. 观察轴承组合的轴向固定方法，并说明轴承游隙及轴承组合位置是如何调整的。

③ 观察箱体部件

a. 观察箱体的剖分面，注意它是否与传动件轴心线平面重合。观察箱体的结构工艺性（如薄厚壁之间的过渡、拔模斜度、两壁间的连接、箱座底面结构、同一轴线上的两轴承孔直径是否相等、各轴承座孔外端面是否处于同一平面等）。

b. 观察支撑肋板和凸台的位置及高度。

c. 观察各部分螺栓的尺寸及间距，它们与外箱壁、凸台边缘的距离，并注意扳手空间是否合适。

④ 观察箱体附件

a. 观察窥视孔、通气器、油标、放油螺塞等的结构、位置及功能。

b. 观察定位销孔的位置及起吊装置的形式。

⑤ 观察润滑与密封装置

a. 分析传动件采用何种润滑方式，观察传动件与箱体底面的距离。

b. 分析滚动轴承的润滑方式，如采用飞溅润滑，观察箱体剖分面上油沟的位置、形状与结构。

    c. 观察加油孔的结构与位置。

    ⑥ 分析传动零件的结构、材料及毛坯种类。

    （3）利用工具测量减速器各主要部分的参数及尺寸。

    ① 测出各齿轮齿数，求出各级传动比及总传动比。

    ② 测出中心距，并根据公式推算出齿轮的模数及斜齿轮的螺旋角 β。

    ③ 测出各齿轮的齿宽，算出齿宽系数，观察大、小齿轮的齿宽是否一样。

    ④ 测量齿轮与箱壁间的间隙、油池深度，分析滚动轴承的型号等。

    ⑤ 进行接触斑点试验

    a. 将一对相互啮合齿轮的齿面擦干净。

    b. 在一对齿轮的 2～3 个齿的齿面上涂一层薄薄的红丹，再转动啮合。

    c. 观察接触斑点的大小与位置，画出示意图，并分别求出齿宽及齿长方向接触斑点的百分数。

    （4）确定减速器的装配顺序，分析如何装配更方便（箱体内或箱体外装配），认真将减速器装配复原。

四、注意事项

    ① 装拆时，把拆下的螺栓等零件按种类排好，以防散失。

    ② 实验完毕后要把设备及工具整理好，经指导教师同意方能离开实训室。

五、实训报告

实训报告必须独立完成，按期交付。实训报告的格式如下。

减速器装拆和结构分析实训报告

姓名＿＿＿＿＿＿＿＿＿＿班级＿＿＿＿＿＿＿＿＿＿学号＿＿＿＿＿＿＿＿＿＿

（一）实训条件

1. 减速器的型号、规格

型号：

规格：

2. 实训所用工具

（二）观察报告

（1）绘出减速器的机构传动简图，标出各传动件及输入、输出轴。

（2）分析减速器主要零件的功用。

箱体：

齿轮及键：

轴及轴承：

润滑系统：

（3）减速器主要参数及实训数据（表 9-1）。

表 9-1 减速器主要参数及实训数据

减速器类型				
传动比	$\dfrac{h''}{h'}\times100\%=l_{高}$	$l_{低}$	$I=l_{高}\cdot l_{低}$	
	高速级		低速级	
齿数 z	小齿轮	大齿轮	小齿轮	大齿轮
中心距 a/mm				
模数　m_t/mm				
m_n/mm				
齿宽及齿宽系数　b/mm				
ψ_d				
轴承型号及个数				
锥齿轮的顶锥角 δ_a	$\delta_{a1}=$	$,\delta_{a1}=$		
斜齿轮的螺旋角 β	$\beta_1=$	$,\beta_2=$		
蜗杆参数	$m=$	$,z_1=$	$,\gamma=$	$,d_1=$
接触斑点	$b''=$ mm $b'=$ mm $c=$ mm $h''=$ mm $h'=$ mm	$\dfrac{b''-c}{b'}\times100\%=$	$\dfrac{h''}{h'}\times100\%=$	估计齿轮的接触精度

注：接触斑点的测定见参考文献 [9]。b''、b' 分别为接触痕迹的工作长度；c 为超过模数值的断开部分；h''、h' 分别为接触痕迹的平均高度及工作长度。

（4）绘制输入或输出轴的轴上零件结构示意图，标注装配尺寸和配合与精度等级。

（5）写出装拆体会，对所装拆的减速器提出改进意见。

① 传动零件、轴组件及箱体的结构是否合理。

② 轴承的选择、安装调整、固定、拆卸和润滑密封方面是否合理。

③ 其他方面的体会和改进意见。

第四节　减速器设计题目 ‹‹‹

一、设计带式输送机传动装置（一）

带式输送机传动装置（一）如图 9-19 所示，其设计数据见表 9-2。

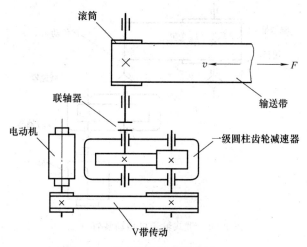

图 9-19　带式输送机传动装置（一）

表 9-2　传动装置原始数据（一）

已知条件	题　号				
	1	2	3	4	5
输送带拉力 F/N	2500	2800	3000	3100	3200
输送带速度 v/(m/s)	1.35	1.20	1.10	1.05	1.00
滚筒直径 D/mm	250	230	220	210	200

工作条件：一班制，连续单向运转。载荷平稳，室内工作，有粉尘。

使用期限：十年，大修期三年。

生产批量：十台。

生产条件：中等规模机械厂，可加工 7～8 级精度齿轮及蜗轮。

动力来源：电力，三相交流（220/380V）。

运输带速度允许误差：±5%。

设计工作量：

① 设计说明书 1 份。

② 减速器装配图 1 张（A0 或 A1）。

③ 零件工作图 1～3 张。

二、设计带式输送机传动装置（二）

带式输送机传动装置（二）如图 9-20 所示，其设计数据见表 9-3。

表 9-3　传动装置原始数据（二）

已知条件	题　号				
	1	2	3	4	5
输送带拉力 F/N	2500	2600	2750	2800	3200
输出轴转速 n/(r/min)	80	76	75	75	60
滚筒直径 D/mm	250	230	220	210	200

工作条件：一班制，连续单向运转。载荷平稳，室内工作，有粉尘。

使用期限：十年，大修期三年。

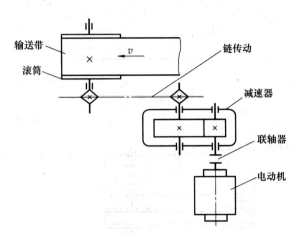

图 9-20　带式输送机传动装置（二）

生产批量：十台。

生产条件：中等规模机械厂，可加工 7~8 级精度齿轮及蜗轮。

动力来源：电力，三相交流（220/380V）。

运输带速度允许误差：±5%。

设计工作量：

① 设计说明书 1 份。

② 减速器装配图 1 张（A0 或 A1）。

③ 零件工作图 1~3 张。

三、设计带式输送机传动装置中一级齿轮减速器

带式输送机传动装置中一级齿轮减速器如图 9-21 所示，其设计数据见表 9-4。

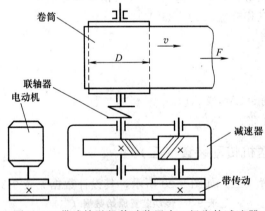

图 9-21　带式输送机传动装置中一级齿轮减速器

表 9-4　传动装置原始数据（三）

已知条件	题　号				
	1	2	3	4	5
输送带拉力 F/N	2200	2300	2400	2500	2600
输送带速度 v/(m/s)	1.50	1.45	1.40	1.30	1.25
滚筒直径 D/mm	250	230	220	210	200

工作条件：一班制，连续单向运转。载荷平稳，室内工作，有粉尘。

使用期限：十年，大修期三年。

生产批量：十台。

生产条件：中等规模机械厂，可加工 7～8 级精度齿轮及蜗轮。

动力来源：电力，三相交流（220/380V）。

运输带速度允许误差：±5%。

设计工作量：

① 设计说明书 1 份。

② 减速器装配图 1 张（A0 或 A1）。

③ 零件工作图 1～3 张。

四、设计链式输送机传动装置中一级齿轮减速器

链式输送机传动装置中一级齿轮减速器如图 9-22 所示，其设计数据见表 9-5。

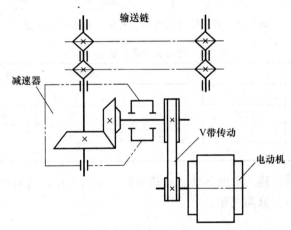

图 9-22　链式输送机传动装置中一级齿轮减速器

表 9-5　传动装置原始数据（四）

已知条件	题　号				
	1	2	3	4	5
输送带拉力 F/N	2500	2600	2700	2800	3300
输出轴转速 n/(r/min)	80	76	75	72	60
滚筒直径 D/mm	250	230	220	210	200

工作条件：一班制，连续单向运转。载荷平稳，室内工作，有粉尘。

使用期限：十年，大修期三年。

生产批量：十台。

生产条件：中等规模机械厂，可加工 7～8 级精度齿轮及蜗轮。

动力来源：电力，三相交流（220/380V）。

运输带速度允许误差：±5%。

设计工作量：

① 设计说明书 1 份。

② 减速器装配图 1 张（A0 或 A1）。

③ 零件工作图 1～3 张。

五、设计带式输送机传动装置中一级蜗杆减速器

带式输送机传动装置中一级蜗杆减速器如图 9-23 所示，其设计数据见表 9-6。

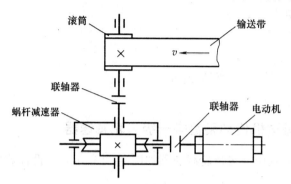

图 9-23　带式输送机传动装置中一级蜗杆减速器

表 9-6　传动装置原始数据（五）

已知条件	题　号				
	1	2	3	4	5
输送带拉力 F/N	2500	2800	3000	3100	3200
输送带速度 v/(m/s)	1.35	1.20	1.10	1.05	1.00
滚筒直径 D/mm	250	230	220	210	200

工作条件：一班制，连续单向运转。载荷平稳，室内工作，有粉尘。

使用期限：十年，大修期三年。

生产批量：十台。

生产条件：中等规模机械厂，可加工 7～8 级精度齿轮及蜗轮。

动力来源：电力，三相交流（220/380V）。

运输带速度允许误差：±5%。

设计工作量：

① 设计说明书 1 份。

② 减速器装配图 1 张（A0 或 A1）。

③ 零件工作图 1～3 张。

六、设计带式输送机传动装置中二级圆柱齿轮减速器

带式输送机传动装置中二级圆柱齿轮减速器如图 9-24 所示，其设计数据见表 9-7。

表 9-7　传动装置原始数据（六）

已知条件	题　号				
	1	2	3	4	5
输送带拉力 F/N	2500	2600	2700	2800	3300
输出轴转速 n/(r/min)	80	76	75	72	60
滚筒直径 D/mm	250	230	220	210	200

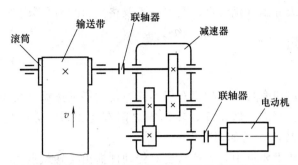

图 9-24　带式输送机传动装置中二级圆柱齿轮减速器

工作条件：一班制，连续单向运转。载荷平稳，室内工作，有粉尘。

使用期限：十年，大修期三年。

生产批量：十台。

生产条件：中等规模机械厂，可加工 7～8 级精度齿轮及蜗轮。

动力来源：电力，三相交流（220/380V）。

运输带速度允许误差：±5%。

设计工作量：

① 设计说明书 1 份。

② 减速器装配图 1 张（A0 或 A1）。

③ 零件工作图 1～3 张。

第五节　课程设计答辩

一、答辩的目的

① 使学生能较系统地总结在整个机械设计基础课程设计中学到的有关知识。

② 使学生巩固和深化有关知识。

③ 检查学生对有关知识的掌握情况，使学生了解自己的有关知识和能力情况。

④ 有利于恰当评定学生的成绩。

二、答辩条件

具备下述条件的学生方能参加答辩。

① 按要求完成了全部图纸的设计工作量。

② 按要求完成了说明书的编写。

③ 在整个课程设计过程中，遵守纪律，在教师的指导下独立完成设计任务。

三、评分原则

学生在课程设计中完成的最终图纸及设计计算说明书并不能完全反映其真实水平，要对学生的设计恰当评分，必须注意抓两头，即一头抓平时，一头抓答辩。

评分制度采用四级分制（优、良、及格、不及格）。评分原则由学校根据具体条件而定。

四、答辩参考题

1. 综合题目

（1）电动机的额定功率与输出功率有何不同？传动件是按哪个功率来设计的？为什么？

（2）同一轴上的功率 P、转矩 T、转速 n 之间有何关系？你所设计的减速器中各轴上的功率 P、转矩 T、转速 n 是如何确定的？

（3）在装配图的技术要求中，为什么要对传动件提出接触斑点的要求？如何检验？

（4）装配图的作用是什么？装配图应包括哪些方面的内容？

（5）装配图上应标注哪几类尺寸？举例说明。

（6）你所设计的减速器的总传动比是如何确定和分配的？

（7）在你设计的减速器中，哪些部分需要调整？如何调整？

（8）减速器箱盖与箱座连接处定位销的作用是什么？销孔的位置如何确定？销孔在何时加工？

（9）起盖螺钉的作用是什么？如何确定其位置？

（10）你所设计传动件的哪些参数是标准的？哪些参数应该圆整？哪些参数不应该圆整？为什么？

（11）传动件的浸油深度如何确定？如何测量？

（12）伸出轴与端盖间的密封件有哪几种？你在设计中选择了哪种密封件？选择的依据是什么？

（13）为了保证轴承的润滑与密封，你在减速器结构设计中采取了哪些措施？

（14）密封的作用是什么？你设计的减速器哪些部位需要密封？你采取了什么措施保证密封？

（15）毡圈密封槽为何做成梯形槽？

（16）轴承采用脂润滑时为什么要用挡油环？挡油环为什么要伸出箱体内壁？

（17）你设计的减速器有哪些附件？它们各自的功用是什么？

（18）布置减速器箱盖与箱座的连接螺栓、定位销、油标及吊耳（吊钩）的位置时应考虑哪些问题？

（19）通气器的作用是什么？应安装在哪个部位？你选用的通气器有何特点？

（20）窥视孔有何作用？窥视孔的大小及位置应如何确定？

（21）说明油标的用途、种类以及安装位置的确定。

（22）你所设计箱体上油标的位置是如何确定的？如何利用该油标测量箱内油面高度？

（23）放油螺塞的作用是什么？放油孔应开在哪个部位？

（24）轴承旁凸台的结构、尺寸如何确定？

（25）在箱体上为什么要做出沉头座坑？沉头座坑如何加工？

（26）轴承端盖起什么作用？有哪些形式？各部分尺寸如何确定？

（27）轴承端盖与箱体之间所加垫圈的作用是什么？

（28）如何确定箱体的中心高？如何确定剖分面凸缘和底座凸缘的宽度和厚度？

（29）试述螺栓连接的防松方法。在你的设计中采用了哪种方法？

（30）调整垫片的作用是什么？它的材料为什么多采用 08F？

（31）箱盖与箱座安装时，为什么剖分面上不能加垫片？如发现漏油（渗油），应采取什么措施？

（32）箱体的轴承孔为什么要设计成一样大小？

（33）为什么箱体底面不能设计成平面？

（34）你在设计中采取什么措施提高轴承座孔的刚度？

2. 轴、轴承及轴毂连接的有关题目

（1）结合你的设计，说明如何考虑向心推力轴承轴向力 F_a 的方向？

（2）试分析轴承的正、反装形式的特点及适用范围。

（3）你所设计减速器的各轴分别属于哪类轴（按承载情况分）？轴断面上的弯曲应力和扭转切应力各属于哪种应力？

（4）以减速器的输出轴为例，说明轴上零件的定位与固定方法。

（5）试述你的设计中轴上所选择的形位公差。

（6）试述低速轴上零件的装拆顺序。

（7）轴承在轴上如何安装和拆卸？在设计轴的结构时如何考虑轴承的装拆？

（8）为什么在两端固定式的轴承组合设计中要留有轴向间隙？对轴承轴向间隙的要求如何在装配图中体现？

（9）说明你所选择的轴承类型、型号及选择依据。

（10）你在轴承组合设计中采用了哪种支承结构形式？为什么？

（11）轴上键槽的位置与长度如何确定？你所设计的键槽是如何加工的？

（12）设计轴时，对轴肩（或轴环）的高度及圆角半径有什么要求？

（13）角接触轴承为什么要成对使用？

（14）圆锥滚子轴承的压力中心为什么不通过轴承宽度的中点？

3. 齿轮减速器的有关题目

（1）试分析齿轮啮合时的受力方向。

（2）试述尺寸大小、生产批量对选择齿轮结构形式的影响。

（3）试述你所设计齿轮传动的主要失效形式及设计准则。

（4）试述获得软齿面齿轮的热处理方法及软齿面闭式齿轮传动的设计准则。

（5）你所设计齿轮减速器的模数 m 和齿数 z 是如何确定的？为什么低速级齿轮的模数大于高速级？

（6）在进行齿轮传动设计时，如何选择齿宽系数 ϕ_d？如何确定轮齿的宽度 b_1 与 b_2？

（7）为什么通常大、小齿轮的宽度不同，且 b_1 大于 b_2？

（8）影响齿轮齿面接触疲劳强度的主要几何参数是什么？影响齿根弯曲疲劳强度的主要几何参数是什么？为什么？

（9）在齿轮设计中，当接触疲劳强度不满足要求时，可采取哪些措施提高齿轮的接触疲劳强度？

（10）在齿轮设计中，当弯曲疲劳强度不满足要求时，可以采取哪些措施提高齿轮的弯曲疲劳强度？

（11）在进行闭式齿轮传动设计时，如何使弯曲疲劳强度的裕度减少？

（12）大、小齿轮的硬度为什么有差别？哪一个齿轮的硬度高？

（13）在锥齿轮传动中，如何调整两齿轮的锥顶使其重合？

（14）在什么情况下采用直齿轮，什么情况下采用斜齿轮？

（15）可采用什么办法减小齿轮传动的中心距？

（16）锥齿轮的浸油高度如何确定？油池深度如何确定？如果油池过浅会产生什么问题？

（17）套杯和端盖间的垫片起什么作用？端盖和箱体间的垫片起什么作用？

（18）如何保证小锥齿轮轴的支承刚度？

（19）试述小锥齿轮轴轴承的润滑。

（20）在二级圆柱齿轮减速器中，如果其中一级采用斜齿轮，那么它应该放在高速级还是低速级？为什么？如果两级均采用斜齿轮，那么中间轴上两齿轮的轮齿旋向应如何确定？为什么？

4. 蜗杆减速器的有关题目

（1）在蜗杆传动中为什么要在同一模数下规定几个蜗杆分度圆直径 d_1？

（2）你所设计的蜗杆、蜗轮，其材料是如何选择的？

（3）在蜗杆传动设计中如何选择蜗杆的头数 z_1？为什么蜗轮的齿数 z_2 应不小于 z_{2min}，且最好不大于 80？

（4）为什么蜗杆传动比齿轮传动效率低？蜗杆传动的效率包括几部分？

（5）蜗轮轴上滚动轴承的润滑方式有几种？你所设计的减速器上采用哪种润滑方式？蜗杆轴上的滚动轴承是如何润滑的？蜗杆轴上为什么要装有挡油板？

（6）在蜗杆传动中，如何调整蜗轮与蜗杆中心平面的重合？

（7）在蜗杆传动中，蜗轮的转向如何确定？啮合时的受力方向如何确定？

（8）根据你的设计，谈谈为什么要采用蜗杆上置（或下置）的结构形式？

（9）蜗杆减速器的浸油深度如何确定？

（10）蜗杆传动的散热面积不够时，可采用哪些措施解决散热问题？

参 考 文 献

[1] 张承国. 机械设计基础. 北京：化学工业出版社，2014.

[2] 机械设计师手册编写组. 机械设计师手册. 北京：机械工业出版社，1998.

[3] 吴宗泽，罗圣国. 机械设计课程设计手册. 第3版. 北京：高等教育出版社，2010.

[4] 龚桂义. 机械设计课程设计指导书. 第2版. 北京：高等教育出版社，1990.

[5] 卢颂峰. 机械零件课程设计手册. 北京：中央广播电视大学出版社，1998.

[6] 陈于萍. 互换性与测量技术基础. 第2版. 北京：机械工业出版社，2006.

[7] 王中发. 机械设计. 北京：北京理工大学出版社，1998.

[8] 吴宗泽. 机械零件设计手册. 北京：机械工业出版社，2004.

[9] 陈立德. 机械设计基础课程设计. 第3版. 北京：高等教育出版社，2011.

[10] 现代实用机床设计手册编委会. 现代实用机床设计手册上册. 北京：机械工业出版社，2006.

[11] 现代实用机床设计手机编委会. 现代实用机床设计手册下册. 北京：机械工业出版社，2006.

[12] 吴宗泽. 机械设计师手册上册. 第2版. 北京：机械工业出版社，2008.

[13] 吴宗泽. 机械设计师手册下册. 第2版. 北京：机械工业出版社，2008.

[14] 吴宗泽. 机械设计师手册上册. 第2版. 北京：机械工业出版社，2010.

[15] 吴宗泽. 机械设计师手册下册. 第2版. 北京：机械工业出版社，2010.

[16] 机械工业材料选用手册编写组. 机械工业材料选用手册. 北京：机械工业出版社，2009.

[17] 曾正明. 机械工程材料手册. 第7版. 北京：机械工业出版社，2010.

[18] 方昆凡. 公差与配合实用手册. 第2版. 北京：机械工业出版社，2012.

[19] 闻邦椿. 现代机械设计师手册上册. 北京：机械工业出版社，2012.

[20] 闻邦椿. 现代机械设计师手册下册. 北京：机械工业出版社，2012.

[21] 吴宗泽等. 简明机械零件设计手册. 北京：电力出版社，2011.